Permakultur für Einsteiger

Endlich Selbstversorger:

In 5 einfachen Schritten Kräuter, Obst und Gemüse anbauen.

Anke Hofmann

1. Auflage

2021

Inhaltsverzeichnis

Was genau ist eigentlich Permakultur ?

Permakultur ist ein ganzes Lebensprinzip, das weit über den Anbau von Obst und Gemüse hinausgeht. Es wurde in den 1970er-Jahren von den Australiern Bill Mollison und David Holmgren entwickelt und basiert auf dem alten Wissen der Aborigines. Mollison und Holmgren verbrachten einige Zeit bei den australischen Ureinwohnern und lernten von ihnen eine andere Art des Umgangs mit der Natur und des sozialen Miteinanders.

Die Aborigines leben seit Anbeginn ihrer Existenz im Einklang mit der Natur, nach ihrem Glauben ist die Natur die Mutter allen Lebens. Vereinfacht gesagt kamen Götter in Tiergestalten auf die Erde und erschufen die verschiedenen Landschaften. Die Natur zu respektieren, ist für die Aborigines selbstverständlich, schließlich ist sie ein direkter Ausdruck der Götter und sie verdanken dieser ihr Leben.

Auch in anderen alten Philosophien wie dem Buddhismus und dem Taoismus des fernen Ostens oder dem Stoizismus des antiken Griechenlands findet man ähnliche Denkprinzipien. Der Mensch ist nur ein kleiner Teil des großen Ganzen und muss sich in die Natur einfügen, um gesund und glücklich leben zu können. Er darf sie nutzen, jedoch nur insoweit, wie es ihr nicht schadet, und er soll sich nach ihren Prinzipien richten. Was die Natur macht, ist immer richtig, und um selbst Wohlbefinden und Zufriedenheit zu erlangen, soll der Mensch so leben, wie sie es vorgibt.

Diese alten Weisheiten bilden die philosophische Basis für die Permakultur; allerdings ist diese weniger ein gedankliches, sondern ein praktisches Konzept, welches Ihnen ermöglicht, das Leben im Einklang mit der Natur direkt umzusetzen. Mollison und Holmgren entwickelten umfassende Modelle, wie diverse Bereiche des Lebens verantwortungsvoll und nachhaltig gestaltet werden können:

- Die Umgebung und die Gebäude sollen aus umweltfreundlichen Materialien gebaut und mit Energie aus erneuerbaren Quellen bewirtschaftet werden.
- Abfall soll so weit wie möglich vermieden werden, um die Umwelt nicht weiter zu verschmutzen. Nicht zu vermeidender Abfall soll sinnvoll weiterverwendet werden (zum Beispiel Recycling oder Energiegewinnung).
- Fortbewegung soll möglichst per Fahrrad und öffentlichen Verkehrsmitteln stattfinden, um so wenig wie möglich Abgase zu produzieren.
- Die Menschen sollen sich überwiegend durch Eigenanbau und -produktion selbst versorgen, sodass sie eigenverantwortlich

leben können und weitgehend unabhängig von der Wirtschaft sind.

- Nahrungsmittel sollen ökologisch-biologisch angebaut werden, sodass weder die Natur noch der Mensch durch Chemikalien, Gentechnik oder Monokulturen belastet wird.
- Anbau und Produktion sollen im Respekt vor der Tier- und Pflanzenwelt stattfinden und die Umwelt möglichst nicht beeinträchtigen, das heißt zum Beispiel auch, dass kein Fleisch aus Massentierhaltung konsumiert werden darf.
- Nicht benötigte Waren sollen getauscht und verschenkt werden, um weniger Müll zu produzieren, weniger herstellen zu müssen und bedürftigen Menschen zu helfen.
- Ressourcen sollen gerecht verteilt und verantwortungsvoll genutzt werden, damit alle auf lange Sicht die gleichen Lebenschancen haben.
- Medizin soll ganzheitlich und natürlich sein, also keine symptombezogene „Schulmedizin“ mit chemischen Medikamenten, sondern zum Beispiel Homöopathie, Kräuterheilkunde oder Akupunktur.
- Die Menschen sollen in einer Sozialgemeinschaft zusammenleben, gemeinsame kulturelle Projekte entwickeln und ihr Wissen über Natur und Ethik an die nächsten Generationen weitergeben.

Diese Lebensart kommt allen zugute, da die Umwelt erheblich geschont und die Gesundheit gefördert wird. Es entsteht mehr Ruhe und Harmonie, die Nahrung ist gesünder, man verbringt mehr Zeit an der frischen Luft und vor allem erhält man den Planeten für die eigenen Kinder, Enkel und nachfolgenden Generationen. Letzteres ist der oberste Leitsatz: „Langfristig statt kurzfristig.“

Obwohl eigentlich inzwischen allen Menschen bekannt ist, dass es schlecht um die Zukunft unseres Planeten steht, machen viele immer noch so weiter, als ob es nach ihnen kein Morgen gäbe. Die Ressourcen werden ausgebeutet, die Natur wird zerstört, Luft und Wasser werden verschmutzt. Viele Tier- und Pflanzenarten sind bereits ausgestorben, unzählige sind akut vom Aussterben bedroht und wenn die Erderwärmung weiter im aktuellen Tempo voranschreitet, wird es spätestens im Jahr 2100 kritisch für das Überleben aller, inklusive der Menschen. Die meisten, die jetzt leben, sind dann schon nicht mehr da, aber ihre Kinder oder Enkelkinder sind es und würden auch gern ein gesundes, schönes Leben führen. Wenn wir so weitermachen, wird das aber nicht mehr möglich sein. Leider denken die meisten Menschen nur an sich, weder an ihre eigenen Nachfahren noch an Menschen in anderen Ländern, die für Billiglöhne unsere Billigwaren herstellen, geschweige denn an Tiere und Pflanzen. Ein Umdenken ist dringend erforderlich – Permakultur bildet dafür einen idealen Anfang.

Im Konzept der Permakultur leben Menschen, Tiere und Pflanzen in einer vielfältigen, sich ergänzenden Gemeinschaft, sodass es allen gut geht und alle sich optimal entwickeln können. Ein weiteres Ziel ist, bereits bestehende Nutzflächen sinnvoller zu nutzen, anstatt der Natur weitere Flächen wegzunehmen, sodass Tieren und Pflanzen ungestörte Lebensräume erhalten bleiben. Das Lebensprinzip der Permakultur stellt hohe Ansprüche an jeden einzelnen, wie sie bereits in den alten Philosophien enthalten sind. Man muss sein eigenes Verhalten hinterfragen und darauf aufpassen, wirklich achtsam und respektvoll mit allem und jedem umzugehen. Das Konsumverhalten soll stark reduziert werden; nur, was man wirklich dringend braucht, soll man kaufen. Dinge, die man nicht braucht, soll man verschenken, teilen oder für andere sinnvolle Zwecke einsetzen. Kaputte Sachen sollen nicht weggeworfen, sondern repariert werden, und wenn etwas entsorgt wird, dann muss es korrekt getrennt und recycelt werden. Der Mensch soll sich nicht gegen die Natur wenden, sondern in ihr und mit ihr leben, denn ohne sie würde er nicht existieren. Die Natur mit all ihrer Vielfalt stellt die Basis allen Lebens dar. Alles in der Natur findet in einem sinnvollen Kreislauf statt. Die Natur kann (normalerweise, wenn der Mensch nicht da wäre) für ihr eigenes Überleben sorgen. Alles hängt zusammen, reguliert und nährt sich gegenseitig. Ein ganz einfaches Beispiel ist der Regen. Durch Sonneneinstrahlung verdunstet Wasser, Wolken bilden sich, es regnet und so wird das zuvor von der Sonne ausgetrocknete Land bewässert.

Ein anderes Beispiel ist der Wald: Er ist ein in sich ausgeklügeltes System, in dem sich alle gegenseitig helfen und in Harmonie leben. Wenn ein Baum zum Beispiel krank ist, geben die Bäume in seiner Umgebung, denen es besser geht, über ihre Wurzeln Nährstoffe an ihn ab. Daruch wird er kräftiger und kann überleben. Stirbt ein Baum doch mal, zerfällt er nach und nach, sodass er wieder zu dem wird, woraus er gewachsen ist – Erde. Die großen Bäume spenden den kleineren Schatten. Das im Herbst fallende Laub schützt den Boden, seine Bewohner und die kleinen Pflänzchen im Winter vor Frost und zersetzt sich danach langsam zu nährstoffreicher Erde. Nicht alle Bäume und Pflanzen tragen Früchte, die für den Menschen genießbar sind; für die Natur erfüllt aber alles einen Zweck. Zum einen pflanzen sich die Bäume, Sträucher und Blumen über ihre Früchte und Samen fort, aber auch Tiere fressen diese. Jede Blüte ist eine Nahrungsquelle für Bienen, Hummeln, Schmetterlinge und andere Insekten. Der Wald reguliert seinen Tier- und Pflanzenbestand selbst, sodass es niemals für längere Zeit zu viel von einer Art gibt, denn jede Art hat ihre natürlichen Fressfeinde. Vermehrt sich eine Art, vermehren sich auch die Fressfeinde. Wenn das „Futter“ weniger wird, reduziert sich die Zahl der betreffenden Fressfeinde wieder. So zumindest ist es im natürlichen Wald, wie er hierzulande bis vor wenigen hundert Jahren existiert hat und heute nur noch in einigen Regionen der Erde besteht.

Greift der Mensch ins Ökosystem ein, sei es zum Beispiel durch Vernichtung von Lebensraum einer Art oder einfach durch seine Anwesenheit, dann gerät alles durcheinander. Deshalb ist es wichtig, dass der Mensch sich so natürlich und unauffällig wie möglich verhält – am besten so wie früher, als es noch keine Industrieanlagen, Autos, Flugzeuge, Chemikalien und dergleichen gab. Der Mensch muss mit der Natur in einer guten Gemeinschaft leben, nicht gegen sie, sonst vernichtet er alles und sich selbst.

Wie so ein natürliches Leben aussehen kann, das kann man lernen, wenn man die Natur versteht. Bereits die alten Philosophen beobachteten genau, wie die Natur auf nachhaltige, effiziente und ganzheitliche Art funktioniert. Eine solche Beobachtung bildet auch den Einstieg, um ein eigenes Permakultur-Projekt zu planen. Denn dieses soll im Einklang mit den vor Ort vorhandenen Gegebenheiten stattfinden, ansonsten würde es den Grundsätzen der Permakultur zuwiderlaufen. Es gibt viele Möglichkeiten, Haus und Garten natürlich und umweltfreundlich zu gestalten, zum Beispiel mit Solarzellen, einer Komposttoilette, Dachbegrünung oder einem Hühnerstall für die eigenen biologischen und tierfreundlichen Eier. Das Anlegen eines Obst-, Gemüse- und Kräutergartens gehört zu den einfacheren Bestandteilen der Permakultur und bietet daher eine gute Einstiegsmöglichkeit. Es bedarf einiges Wissens, um das es im weiteren Verlauf dieses Buches gehen soll.

1. Vorüberlegungen & Grundelemente

Vor der Einrichtung Ihres Permakultur-Gartens sollten Sie genau beobachten, welche Ressourcen, Elemente und anderen Voraussetzungen vorliegen. Unnatürliche Elemente wie zum Beispiel gepflasterte Flächen können entfernt werden. Hier eine Checkliste der in Ihre Planung einzubeziehenden Gegebenheiten:

- Welche **Pflanzen** sind bereits vorhanden? Diese müssen selbstverständlich erhalten und in das Vorhaben integriert werden. Die Ausnahme bildet eine große Rasenfläche im Stil eines Fußball- oder Golfplatzes; Sie sollten diese zwar nicht komplett umbauen, aber Ihren neuen Pflanzen und Beeten Plätze in ihr geben und zusätzlich auf den verbleibenden Rasenflächen Wildblumen wachsen lassen.
- Welche **Tiere** sind in Ihrem Garten zu Hause? Leben bereits nützliche Tiere bei Ihnen (oder solche, die nicht schaden), sollten sich diese auch weiterhin bei Ihnen wohlfühlen – zum einen, da sie ein Anrecht auf den Lebensraum haben, und zum anderen, weil sie Ihnen helfen können, Schädlinge zu bekämpfen. Zusätzliche Nützlinge

können angelockt werden, siehe dazu unter „Schädlinge und Nützlinge".

- Wie sind die **Lichtverhältnisse**? Beziehen Sie verschiedene Tages- und Jahreszeiten ein und achten Sie auf Schlagschatten von Gebäuden und großen Bäumen (letztere aber bitte nicht abholzen, sie gehören schließlich zur Natur). Die Lichtverhältnisse sind wichtig, um die richtigen Standorte für verschiedene Anbaupflanzen zu wählen. Manche mögen es kühler und schattiger, andere brauchen viel Sonne – mehr dazu später.
- Woher kommen **Wind und Wetter** meistens? Sie sollten Ihren Garten so anlegen, dass robuste Pflanzen auf der Wetterseite stehen und die empfindlicheren schützen. Gegebenenfalls kann es ratsam sein, eine Hecke oder einen Wall an der Grundstücksgrenze anzulegen, um starken Wind abzuhalten.
- Gibt es **Wasserflächen**? Diese bieten wertvollen Lebensraum für Tiere und Pflanzen. Außerdem können sie zur Licht- und Wärmereflexion verwendet werden, um somit mehr lichtbedürftige Pflanzen anzusiedeln.
- Wie ist der **Boden** beschaffen und welche Nährstoffe bietet er? Auf dieses wichtige Thema wird im Kapitel „Boden und Bewirtschaftung" eingegangen.

- Welche **Werkzeuge** haben Sie bereits und welche müssen Sie noch kaufen oder sich leihen? Sie benötigen einen **Spaten**, um Ihre Bäume und Sträucher in den Boden einzupflanzen; für kleine Pflanzen brauchen Sie eine kleine **Grabeschaufel.** Beides hilft Ihnen auch bei der Ernte von Knollengemüse. Außerdem sollten Sie eine **Grabegabel bzw. Spatengabel** haben, wenn Sie ausnahmsweise mal den Boden umgraben müssen (was grundsätzlich zur Schonung der Mikroorganismen aber vermieden werden sollte). Zur Auflockerung der oberen Erdschicht sollte eine **Harke** nicht fehlen. Weiterhin sollten Sie, falls Sie Rasenflächen im Garten haben, eine **Sense** zum Mähen besitzen. Außerdem benötigen Sie eine **Gartenschere**, wenn Sie Pflanzen zurückschneiden müssen, bzw. bei Bäumen eine **Astschere**. Zum Ernten größerer Mengen Kräuter sollte eine **Handsichel** nicht fehlen; für kleine Mengen genügt auch eine Schere. Um Laub zu entfernen, können Sie einen **Rechen** einsetzen; möglichst sollte Laub aber als Unterschlupf und zur Verbesserung des Bodens liegenbleiben. Bäume zu fällen, ist grundsätzlich zu vermeiden – die einzige Ausnahme gilt, wenn ein Baum tot oder so geschädigt ist, dass er eine Bedrohung für Menschen und Tiere darstellt. In diesem Fall benötigen Sie eine **Axt** für den Stamm und eine **Baumsäge** für die Äste (diese müssen Sie als Erstes entfernen). Verwenden Sie das gesamte Holz dann bitte für einen „guten Zweck", indem Sie es zum Beispiel häckseln und auf dem Boden verstreuen oder den Stamm bzw. seine Teile als Unterschlupf für Insekten hinlegen oder -stellen. Sie können je nach Dicke des Stamms auch Hocker, Bänke oder Tische daraus machen. Die Rinde können Sie mit einem **Zugmesser** abziehen und Rindenmulch daraus machen. In jedem Fall pflanzen Sie bitte für den verstorbenen Baum zwei neue, junge Bäume an. Für die Bewässerung benötigen Sie eine **Gießkanne** angemessener Größe, außerdem sollten Sie eine **Regentonne** und einen **Gartenschlauch** haben. Für Pflege- und Erntearbeiten in Bäumen sollten Sie eine stabile **Leiter** besitzen. Zum Transport von beispielsweise Erde oder Gartenabfällen darf eine **Schubkarre** nicht fehlen. Auf motor- und benzinbetriebene Geräte soll grundsätzlich im Permakultur-Garten verzichtet werden, denn das würde dem Umweltschutz-Gedanken widersprechen. Außerdem sollten die Geräte aus Holz und Edelstahl sein, damit Plastik möglichst vermieden wird.

- Welchen **Körpereinsatz** können Sie leisten? Haben Sie Hilfe zur Verfügung? Insbesondere die kniende oder hockende Arbeit am Boden kann für Menschen mit Rücken-

oder Knieproblemen sehr anstrengend sein. Ihre körperlichen Voraussetzungen sollten Sie in die Wahl der Garten- und Beetformen und der Pflanzenarten einbeziehen.

- Last but not least: Welche **Fläche** steht Ihnen zur Verfügung? Jedes Beet und jede größere Pflanze benötigen einen gewissen Platz. Messen Sie sorgfältig aus, welche Flächen Sie nutzen können und beachten Sie den Mindestabstand zur Grundstücksgrenze. Dann überlegen Sie sich, welche Garten- oder Beetformen Sie gern einrichten würden und planen genau, wo und in welchem Rahmen das möglich ist. Bevor Sie drauf los buddeln, fertigen Sie eine Skizze Ihres Gartens an und achten dabei genau auf die Abmessung der einzelnen Bereiche. Alle Informationen dazu erfahren Sie im nächsten Kapitel Garten- und Beetformen.

2. Weit mehr als Optik: Garten- und Beetformen

Als Erstes sollten Sie sich nun entscheiden, welche Art von Garten Sie anlegen möchten. Entscheiden Sie bitte nicht nur nach dem Aussehen, sondern nach dem von Ihnen angestrebten Nutzen und Ihrer Vernunft.

Natur pur – der Waldgarten

Als Vorbild für den Waldgarten dient – wie könnte es anders sein – der natürliche Wald. Wälder sind nicht nur „grüne Lungen" , die Tieren und Pflanzen einen Lebensraum bieten, sondern gehören auch zu den stabilsten Ökosystemen, die es gibt. Vermutlich ist die Fläche in ihrem Garten für einen „richtigen" Wald nicht groß genug, für ein Mini-Wäldchen reicht es aber bestimmt.

Ein Waldgarten hat den Vorteil, dass Sie sich bis auf eine gute Planung, Bewässerung und Ernte, eventuell Düngung und gegebenenfalls ökologische Schädlingsbekämpfung um nichts kümmern müssen. Außerdem haben Sie ein wirklich langfristiges Projekt, das Sie an Ihre Kinder und Kindeskinder vererben können. Der Nachteil ist, dass Sie auch einige Geduld benötigen. Denn bis die Bäume und Sträucher groß genug sind, um Früchte zu tragen, kann es viele Jahre dauern. Um gezielt einen natürlichen, sich selbst erhaltenden Wald anzupflanzen, müssen Sie außerdem Folgendes beachten: Das Wichtigste sind die verschiedenen Schichten – gemeint sind damit nicht die Erdschichten, sondern die Höhen der Pflanzen.

Die oberste bzw. höchste Schicht ist die **Baumschicht**, die sozusagen das Dach des Waldes bildet. Große Bäume bieten Schutz vor Wind und Sonne, geben Vögeln ein Zuhause und spenden viel Sauerstoff. Sie benötigen jedoch viel Platz, Wasser und Nährstoffe. Die wenigsten von ihnen tragen Früchte, die zum Verzehr für den Menschen geeignet sind – hierzu gehören bei den in Deutschland heimischen Bäumen nur Buchen und Nussbäume wie zum Beispiel Walnuss oder Esskastanien. Weitere große Bäume (mit nicht essbaren Früchten und Samen) sind beispielsweise Eichen, Kastanien, Linden, Eschen, Pappeln, Birken, Kiefern, Erlen oder Weiden. Es ist schön, solche Bäume im Garten zu haben, und man tut der Natur und damit sich selbst etwas Gutes. Bei ausreichend Platz sollten Sie mindestens einen großen Baum (oder auch gern mehr) in Ihrem Garten haben, selbst wenn Sie keinen Waldgarten anlegen. Beachten Sie aber, den richtigen Standort für so große Bäume zu wählen – am besten möglichst weit weg von Nachbars Grundstücksgrenze, leider hat nicht jeder Verständnis für die Natur.

Die nächste Schicht unter der Baumschicht ist die **Obstbaumschicht**. Wie ihr Name schon sagt, wachsen hier allerhand gesunde Leckereien:

Pflaume, Süßkirsche, Birne, Apfel und einiges mehr. Auch hier müssen Sie wieder bedenken, dass Ihr junger Baum größer wird und genug Raum für sich haben möchte. Somit muss ein ausreichender Abstand zur Baumschicht und zwischen den Obstbäumen bestehen. Auch Obstbäume sollten Sie nicht zu nahe an die Grundstücksgrenze pflanzen, da sie relativ ausladende Kronen entwickeln und somit Potenzial für einen Nachbarschaftsstreit bieten. Außerdem gehört alles Obst, was auf der Seite des Nachbarn hängt, rechtlich gesehen ihm.

Denken Sie auch daran, dass Ihre Bäume wachsen, sowohl in die Höhe als auch in die Breite, und zu jeder Zeit ihres Lebens ausreichend Platz um sich herum brauchen. In der Regel kauft man einen jungen Baum und pflanzt ihn ein. Bei der Planung des Gartens muss man immer beachten, wie groß die einzelnen Bäume letztendlich werden. Damit das System funktionieren kann, sollte man von Anfang an auf die richtigen Abstände und Standorte achten. In der Natur verbreiten sich die Samen zwar durch den Wind oder Vögel in alle Richtungen, aber dann überleben meist nur die Pflanzen, die an einen günstigen Standort getragen wurden. Durch gute Planung können Sie in Ihrem angelegten Waldgarten diesen Ausleseprozess vermeiden. Wie groß die Obstbaumarten werden und welchen Standort sie bevorzugen, erfahren Sie noch genauer im Kapitel „Pflanzen im Permakultur-Garten“. Wenn Sie nicht so viel Platz haben oder es Ihnen zu kompliziert ist, die Baum- und die Obstbaumschicht in Einklang zu bringen, können Sie auf die Baumschicht verzichten und direkt mit der Obstbaumschicht anfangen. Falls Sie schon einen oder mehrere große Bäume haben, dann können Sie diesen Standort nutzen, um Ihren Permakulturgarten hier anzulegen.

Unter der Obstbaumschicht kommt die **Strauchschicht**. Sträucher benötigen einen gewissen Schutz vor praller Sonne und Hitze, somit fühlen sie sich in der Nähe von Bäumen wohl. Sie erreichen schneller ihre ausgewachsene Höhe als Bäume und tragen auch früher Früchte. Um Ihren Sträuchern optimale Bedingungen zu liefern, sollten Sie den Bäumen einen „Vorsprung“ von mindestens zehn Jahren geben (bzw. junge Bäume im entsprechenden Alter kaufen), damit diese schon Schutz für die Sträucher bieten können. In der Strauchschicht können Sie zum Beispiel Johannisbeere, Holunder, Haselnuss, Brombeere, Sanddorn, Schlehe, Hagebutte oder Weißdorn anpflanzen.

Obwohl die Bäume und Sträucher der verschiedenen Schichten über- bzw. untereinander passen wie Satztische, müssen wie bereits erwähnt gewisse Abstände eingehalten werden. Die Abstände sind notwendig, damit genügend Licht durchdringt und sich die Kronen nicht an anderen Stämmen „stoßen“. Für einen großen Baum der Baumschicht müssen Sie einen Umkreis mit mindestens drei Metern Durchmesser einplanen, bei Obstbäumen mindestens zwei Meter und bei Sträuchern mindestens einen Meter (es darf auch gern mehr sein). Wenn Sie also zum Beispiel einen großen Baum und einen Obstbaum nebeneinander pflanzen möchten, muss zwischen den Stämmen mindestens 2,5 Meter Abstand sein; bei zwei Obstbäumen sind es mindestens zwei Meter, bei einem Obstbaum und einem Strauch mindestens 1,5 Meter. Der Abstand zwischen den Stämmen wird also immer errechnet, indem die Durchmesser der beiden benachbarten Baum- bzw. Strauchumkreise erst addiert und die Summe durch zwei geteilt wird. Im Beispiel für einen großen Baum und einen Obstbaum wäre das also (3 m + 2 m)/2 = 2,5 m. Dies bezieht sich auf den Mindestabstand, sicherheitshalber sollten Sie lieber etwas mehr Abstand lassen. Natürlich gelten die Abstände in alle Richtungen jedes Baumes oder Strauchs.

Gemäß dem Schichtenmodell sollte die Bepflanzung nach allen Seiten immer in ab- bzw. aufsteigender Richtung erfolgen. Die Anordnung der Pflanzen kann dabei auf drei Arten erfolgen: in runden Kreisformen, in hintereinander geraden Reihen oder kreuz und quer. Rund um einen großen Baum pflanzen Sie zum Beispiel Obstbäume, auf deren vom großen Baum abgewandten Seiten Sträucher und dann wieder Obstbäume. Vereinfacht vorstellen können Sie sich das in der Bepflanzung in Reihe: Dann hätten Sie beispielsweise eine Reihe große Bäume, gefolgt von einer Reihe Obstbäume, dann eine Reihe Sträucher. Rund oder kreuz und quer zu pflanzen, wirkt allerdings natürlicher und schöner. Es kann auch eine Schicht ausgelassen bzw. übersprungen werden, zum Beispiel könnten rund um einen großen Baum Sträucher wachsen, denen sich Obstbäume anschließen, oder ausgehend von einem Obstbaum folgen mehrere Zonen mit Sträuchern, zwischen denen sich wieder einzelne Obstbäume oder auch große Bäume befinden. Solange Sie auf die Abstände und die auf- oder absteigende Schichtfolge achten, sind Ihrer Kreativität keine Grenzen gesetzt. Der Winkel der Sonneneinstrahlung sollte in Ihre Planung einbezogen werden, damit jede Pflanze so viel Licht bekommt, wie sie braucht. Außerdem müssen Sie bedenken, dass empfindlichere Pflanzen auf der windabgewandten Seite des Gartens stehen sollten, sofern Sie sie am Rand des „Waldes“ anpflanzen.

Knapp über dem Boden befindet sich dann die **Staudenschicht**, wo krautige, nicht verholzende Pflanzen wachsen. Hier können beispielsweise Kräuter wie Schafgarbe, Beinwell, Minze, Zitronenmelisse oder Beifuß wachsen, aber auch Gemüse wie Meerrettich, Rhabarber oder Pastinaken. Diese Pflanzen sind im Gegensatz zu den höheren Schichten meist einjährig, das heißt die Pflanzen blühen nur einen Sommer. Sie können sich aber von selbst vermehren. Außerdem können Sie Bodendecker wie Erdbeeren, Waldmeister oder Bärlauch anpflanzen. Bodendecker haben den Vorteil, dass Sie Bodenerosion verhindern können. Dadurch wird die Erde bei Regen nicht weggespült. Die Stauden- und die Bodendeckerschicht können eng an die Stämme der Bäume und Sträucher heranreichen, sodass Sie nahezu den gesamten Platz nutzen können. Beachten Sie jedoch, welche Pflanzen welche Lichtverhältnisse benötigen. Für lichtbedürftige Pflanzen müssen Sie extra Flächen außerhalb des Umkreises der Bäume und Sträucher einrichten. Planen Sie auch Wege aus Sand oder Gras ein, um Ihren Garten begehen zu können oder Früchte zu ernten.

Alle Pflanzen des Waldes bieten Unterschlupf und Nahrung für verschiedenste Tiere. An den unteren Schichten erfreuen sich insbesondere Insekten und Kleintiere wie zum Beispiel Igel, an den oberen Vögel und Eichhörnchen. So tun Sie nicht nur sich, sondern auch vielen anderen Lebewesen etwas Gutes. Mit einer gewisse Anzahl an Bäumen und Sträuchern helfen Sie dem Klima.

Obstbaum-Lebensgemeinschaft

Wenn Sie weniger Platz haben oder nur einen Teil Ihres Gartens in eine Permakultur umwandeln möchten, können Sie aus einem Obstbaum und anderen Pflanzen ein Ökosystem anlegen. Auch diese Form des Gartens bietet Nahrung und Lebensraum für diverse kleine Tiere, die sich an Blütenstaub, Früchten und Unterschlupf erfreuen.

Hierbei gehen Sie ringförmig vor. In der Mitte befindet sich ein Obstbaum mit einem hohen Stamm, zum Beispiel eine Süßkirsche. Planen Sie für ihn eine Fläche mit zwei Metern Durchmesser ein. Unter seiner Krone können Blumen, Kräuter und Bodendecker angesät werden, die es gern halbschattig mögen.

Um diese Fläche herum legen Sie einen Ring mit einem bis zwei Metern Breite an. Hierin siedeln Sie zunächst tiefwurzelnde, stickstoffbildende Pflanzen an, um den Boden aufzulockern und dem Baum so zu helfen, Wurzeln zu bilden. Sie können zum Beispiel Ackerbohnen, Erbsen, Lupinen oder Ölrettich anpflanzen. Nach ein paar Jahren wechseln Sie die Bepflanzung in diesem Ring und siedeln nun Pflanzen an, die der Gesunderhaltung des Baumes dienen. Hierfür kommen beispielsweise Brennnessel, Beinwell, Knoblauch, Kapuzinerkresse, Taubnessel oder Schafgarbe in Frage. Auf das Thema Gründüngung, welches für jeden Garten wichtig ist, wird im Kapitel „Boden und Bewirtschaftung“ genauer eingegangen.

In einem weiteren Ring werden außen herum Sträucher wie zum Beispiel Holunder, Hagebutte oder Kornelikirsche angepflanzt. Sie können aber auch eine Hecke als Wetterschutz anlegen. Denken Sie daran, einen „Eingang“ einzuplanen, damit Sie Ihre Obstbaum-Lebensgemeinschaft bewirtschaften können. Möglich ist auch, im äußeren Ring ein Gemüse- oder Kräuterbeet anzulegen.

Nahrung für Mensch und Tier – die Streuobstwiese

Anfang des 20. Jahrhunderts begannen Bauern aus Platzmangel, Obstbäume auf Weideflächen und an Wegen zu pflanzen. So entwickelten sich Streuobstwiesen, jedoch haben sie sich in der Landwirtschaft nicht durchsetzen können. Im ökologischen (insbesondere privaten) Gartenbau sind sie jedoch eine beliebte Lösung, um Obst für Mensch und Tier zu erzeugen.

Der Grundgedanke ist, dass Sie nicht alle Früchte ernten, sondern sich nur das nehmen, was Sie realistisch gesehen brauchen (inklusive eines gewissen Vorrats, versteht sich). Den Rest lassen Sie an den Bäumen hängen bzw. zu Boden fallen – daher kommt der Name „Streuobst“-Wiese. Dabei ernten Sie nicht einzelne Bäume komplett ab, sondern nehmen von jedem Baum einige Früchte. Das gilt nicht nur bei verschiedenen, sondern auch bei gleichartigen Bäumen. Auf diese Art können Sie mehr Tieren Nahrung bieten. Müssten sie sich dicht an dicht unter einem Baum bzw. wenigen Bäumen drängen, würden sich immer nur einige durchsetzen und die anderen würden leer ausgehen. Um das süße Obst streiten sich zum Beispiel verschiedene Vögel, Wespen, Bienen, Mäuse oder Igel.

Um eine Streuobstwiese anzulegen, benötigen Sie eine gewisse Fläche, um mehrere Bäume in Abständen pflanzen zu können. Der Standort sollte sonnig und leicht windgeschützt, aber nicht vertieft sein. Traditionell legt man eine Streuobstwiese (wie der Name schon sagt) auf einer Wiese an. Wenn Sie also eine größere Rasenfläche im Garten haben, die in der Sonne liegt und nicht allzu sehr von Wind und Wetter in Mitleidenschaft gezogen wird, ist das ideal. Wie Sie die Bäume auf der Wiese anordnen, bleibt Ihnen überlassen. Sie können die Anordnung in Reihen, im Kreis oder kreuz und quer verteilt wählen. Beachten müssen Sie aber einen größeren Pflanzabstand, um den Charakter der Streuobstwiese zu wahren, allen Obstbäumen genügend Sonne zukommen zu lassen und den Tieren ausreichend Platz zu bieten. Empfohlen wird ein Abstand von zwölf Metern.

Sie sehen schon, Sie benötigen einen großen Garten, um eine Streuobstwiese anzulegen. Wenn Sie nicht so viel Platz haben und die Streuobstwiese nur für den Privatanbau nutzen, können Sie aber auch weniger Bäume auf einer geringeren Fläche pflanzen, zum Beispiel drei Bäume mit einem Abstand von jeweils vier Metern. Das ist zwar keine „richtige" Streuobstwiese, aber Sie tun sich und der Natur auch damit etwas Gutes.

Zur Bepflanzung eignen sich prinzipiell alle Obstbäume, auch wenn meist überwiegend Apfelbäume gepflanzt werden. Diese sind pflegeleichter als andere Obstbäume und ihre Früchte sind bei vielen Tieren beliebt. Zu empfehlen ist, dass Sie nicht nur Zucht-, sondern auch Wildobstbäume pflanzen, damit die alten Arten erhalten bleiben. Hierzu zählen beispielsweise Holzapfel, Eisbeere und Speierling. Ihre jungen Bäume sollten Sie mit speziellen Tauen jeweils an zwei Pflanzpfählen befestigen, die in ca. 60 Zentimetern Abstand zum Stamm in den Boden geschlagen werden; einer kommt auf die Windseite (im Regelfall Westen), der andere auf die gegenüberliegende Seite.

Ist Ihre Streuobstwiese einmal fertig angelegt, benötigt sie praktisch keine Pflege, mit Ausnahme etwaiger Bewässerung in einem extrem trockenen Sommer. Indem sie viele Nützlinge anlockt, ist sie im Normalfall auch gegen Schädlinge geschützt. Wie man Nützlinge anlockt, erfahren Sie im Kapitel „Freunde und Helfer“. Sie müssen nur Ihren Anteil ernten. Die Wiese, auf der Ihre Obstbäume stehen, sollte ebenfalls für sich allein existieren. Dies ist die Idee der Streuobstwiese. Mähen Sie das Gras einmal im Juni mit der Sense, ansonsten lassen Sie alles, wie es ist. Diverse Wildblumen werden sich von selbst dort ansiedeln und viele Insekten erfreuen. Sie können zusätzlich Kräuter aussäen, einen Teil davon ernten und den Rest wiederum der Tierwelt überlassen. Auch einige Sträucher wie beispielsweise Himbeeren oder Stachelbeeren können sicher einen Platz finden. Achten Sie aber darauf, dass es nicht zu voll wird, um den weiträumigen Charakter der Streuobstwiese zu erhalten.

Gemüse und Kräuter in einzelnen Beeten

Möchten Sie nicht Ihren ganzen Garten in eine Nutzfläche verwandeln, gibt es verschiedene Möglichkeiten, wie Sie einzelne Zonen für den Gemüse- und Kräuteranbau verwenden können. Selbstverständlich können Sie diese auch in separaten Bereichen Ihres Gartens zusätzlich zum Waldgarten, zur Obstbaum-Lebensgemeinschaft oder zur Streuobstwiese anlegen.

Ein **Hügelbeet** funktioniert nach dem Prinzip des Waldbodens – abgestorbene Pflanzenteile zersetzen sich und bilden nährstoffreiche Erde. Um ein Hügelbeet anzulegen, schichten Sie Äste, Zweige, Laub und Kompost zu einem Haufen auf. Das darf aber nicht wahllos durcheinander stattfinden, sondern folgt einem Prinzip – vom Gröbsten zum Feinsten. Den Grundstein des Hügels bilden Äste und grobe Zweige. Darauf legen Sie Grassoden. Dabei handelt es sich um viereckige Stücke Grasnarben, die Sie aus ihrem Rasen ausstechen können. Anschließend folgt eine Lage grob zerhäckseltes Astmaterial. Hierauf legen Sie eine Schicht Laub. Darauf kommt eine Schicht Grobkompost. Gemeint ist damit Grünschnitt-Abfall aus dem Garten. Zum Schluss kommt ein Gemisch aus Gartenerde und reifem Kompost auf den Hügel. Reifer Kompost sind Gartenabfälle, die bereits seit 4 bis 6 Monaten verrottet sind. Die Dauer kann je nach Jahreszeit variieren. Riecht der Kompost nach feuchter Walderde, ist er reif. Das Thema Kompost wird im Kapitel „Boden &Bewirtschaftung“ nochmals genauer erklärt. Obendrauf auf das Hügelbeet pflanzen Sie Ihre Gemüse- und Kräuterpflanzen. Beachten Sie dabei, welche Pflanzen es sonnig, schattig oder halbschattig mögen. Ihr Hügel hat schließlich alle Himmelsrichtungen zu bieten.

Der gesamte Hügel muss an einer vollsonnigen Stelle des Gartens angelegt werden, damit die verschiedenen Mikroklimas erzeugt werden können. Dies müssen Sie bei Ihrer Vorplanung berücksichtigen. Vorzugsweise errichten Sie ihn in einem länglichen Oval, dessen lange Seiten nach Norden und Süden ausgerichtet sind. Sie müssen planen, wie hoch der Hügel werden darf bzw. soll und dabei bedenken, dass Sie ihn aus mehreren Schichten errichten. Die Grundschicht aus Ästen sollte ca. ein Drittel bis die Hälfte der Gesamthöhe des Hügels einnehmen. Dabei ist die Breite des Beetes an der schmaleren Seite maßgebend für die Gesamthöhe. Die dünneren Schichten über der Grundschicht sind ungefähr alle gleich hoch.

Wenn Sie also zum Beispiel ein Beet mit 150 x 400 cm Grundfläche haben, dann legen Sie die 150 cm breite Seite für Ihre Berechnungen zugrunde. Ungefähr 50 bis 75 cm hoch darf dann die untere Astschicht sein und die restlichen Schichten teilen sich ungefähr gleich auf die verbleibenden 75 bis 100 cm auf. Bei fünf Schichten sind das in diesem Fall 15 bis 20 cm pro Schicht. Theoretisch müssten Sie die oberen zwei Schichten nicht auftragen, da sie sich durch Zersetzung der Laubschicht selbst herstellen. Aber dies dauert eine gewisse Zeit, sodass Sie nicht direkt Gemüse und Kräuter anpflanzen könnten. Für die erste Einrichtung des Hügelbeets sollten Sie also mit Kompost und Humus nachhelfen. Alles Weitere regelt sich dann von selbst.

Ein Hügelbeet bietet mehrere Vorteile: Zum einen kann mit einer Erdaufschüttung die Anbaufläche um bis zu einem Drittel erhöht werden, zum anderen besitzen Hügelbeete aufgrund ihres Aufbaus einen sehr nährstoffreichen Boden, sodass die dort wachsenden Pflanzen allein durch den Boden gedüngt werden. Zudem speichert der spezielle Boden mehr Wasser, daher müssen Sie sich auch nicht viel um die Bewässerung kümmern. Für Pflanzen, die nährstoffarme Böden benötigen oder trockenere „Füße" bevorzugen, sind Hügelbeete allerdings nicht geeignet.

Der Nachteil des Hügelbeets ist, dass Sie es nach ca. fünf Jahren wieder von Neuem aufschichten müssen. Dann hat sich alles Material zersetzt und der natürliche Kreislauf gerät ins Stocken. Bis dahin haben Sie aber ein vielseitiges Beet, das wenig Arbeit erfordert.

Ein Hochbeet ist wie eine Art übergroßer, meist länglicher Pflanzkübel. Es handelt sich also eigentlich um kein „richtiges" Beet im Erdboden, sondern um eine um bis zu 100 cm erhöhte Einrichtung. Die Höhe richtet sich individuell nach Ihrer Körpergröße. Der entscheidende Vorteil liegt darin, dass

Sie sich für die Arbeit am Hochbeet nicht bücken müssen. Es ist also insbesondere für Menschen mit Rückenproblemen eine gute Alternative zu anderen Beetformen. Zudem kann es transportabel eingerichtet werden und auch auf der Terrasse stehen, sodass Sie wiederum mehr von Ihrer Gartenfläche zur Bepflanzung nutzen können. Sie können darin sowohl Gemüse als auch Kräuter anbauen.

Hochbeete bestehen außen aus Brettern und können ziemlich einfach selbst gebaut werden. Es gibt sie zwar auch zu kaufen, aber das ist meist teuer und angesichts des geringen Aufwands für den Eigenbau auch unnötig. Planen Sie zunächst, wie hoch Ihr Hochbeet sein soll. Es sollte eine Höhe haben, in der Sie entspannt davor stehen und sich um Aussaat, Ernte etc. kümmern können. Sie benötigen nun vier stabile Pfosten in der entsprechenden Höhe. Diese bilden die stützenden Ecken der Konstruktion. Weiterhin brauchen Sie Holzlatten bzw. stabile Bretter, um die Seiten Ihres Hochbeets zu bauen. Überlegen Sie sich zuerst, wie tief und wie breit Ihr Beet sein soll und wie viele Bretter Sie in der Höhe übereinander benötigen. Dann sägen Sie die entsprechende Anzahl zu und befestigen sie mit rostfreien (zum Beispiel verzinkten) Schrauben oder Nägeln an den Pfosten.

Je nachdem, ob Ihr Beet fest auf dem Erdboden stehen oder transportabel sein bzw. auf Terrassenboden stehen soll, sind weitere Aspekte zu beachten. Für die feste Installation auf Erdboden wählen Sie am besten angespitzte Pfosten, die Sie ungefähr

30 cm in den Boden eingraben. Die Pfosten haben demnach eine Gesamtlänge entsprechend der Beethöhe plus 30 cm. In diesem Fall benötigen Sie keinen Unterboden für Ihre Konstruktion, sondern Sie schichten das Innere direkt auf den Erdboden auf.

Wenn Ihr Hochbeet auf der Terrasse stehen soll, bauen Sie es hingegen wie eine Kiste. Das heißt, Sie verwenden unangespitzte Pfosten und bauen einen Holzboden in das Hochbeet ein. Diesen Boden konstruieren Sie am einfachsten aus einem großen Brett in der Gesamtgröße des Hochbeets und befestigen dieses von unten mit rostfreien Schrauben an den Pfosten. In dieses Brett müssen Sie aber ausreichend Löcher bohren, damit sich keine Staunässe bildet. Das gesamte Hochbeet sollte auf vier Füßchen stehen; hierfür können Sie zum Beispiel Holzklötze oder Ziegelsteine verwenden.

Verwenden Sie für alle Teile bitte nur unbehandeltes oder ökologisch behandeltes Holz, da ansonsten Giftstoffe aus Lack oder Imprägnierung in Ihre Gemüse- und Kräuterpflanzen übergehen würden. Eine Konstruktion aus unbehandeltem Holz hält natürlich nicht für die Ewigkeit, aber einige Jahre übersteht sie gut (besonders, wenn Sie die Bretter und Pfosten mit Bienenwachs bearbeiten). Nach ein paar Jahren müssen Sie ohnehin das Innenleben erneuern.

Dieses besteht wie beim Hügelbeet aus einem mehrschichtigen Waldboden-Imitat: Ganz unten liegt eine Schicht aus grobem Astmaterial, die ca. ein Drittel der Gesamthöhe des Hochbeets einnimmt. Darauf schichten Sie eine Lage Grassoden (aus dem Rasen ausgestochene Grasnarben), gefolgt von grobem Häckselgut und anschließend Laub. Diese drei Schichten füllen zusammen wieder ein Drittel der Höhe aus. Danach kommt eine Schicht Grobkompost und schließlich eine Lage Humus-Kompost-Gemisch (Gartenerde und reifem Kompost siehe Hügelbeet). Dies beides ergibt das oberste Drittel, wobei der Grobkompost einen etwas höheren Anteil haben sollte. Dann kann die Bepflanzung beginnen. Auch hier fühlen sich nur nährstoffliebende Pflanzen wohl, denn wie beim Hügelbeet zersetzen sich auch beim Hochbeet die Bestandteile des Bodens in nährstoffreiche Erde.

In einer Kräuterspirale (oder auch „Kräuterschnecke“) können Sie das ganze Jahr über verschiedenste Kräuter anbauen, wenn Sie alles richtig machen. Außerdem ist sie schön anzusehen, sie erfordert aber einige Arbeit. Die Kräuterspirale wird spiralförmig aus großen Steinen angelegt, welche eine kleine Mauer bilden. Wie eine Weinbergschnecke windet sie sich in mehreren Ebenen nach oben. Die durchschnittliche Höhe einer Kräuterspirale beträgt 80 cm. So haben Sie nicht nur verschiedene Himmelsrichtungen, sondern auch verschiedene Feuchtigkeitszonen: feucht, eher feucht, eher trocken und sehr trocken. Das gibt Ihnen die Möglichkeit, zum Beispiel Brunnenkresse, Kamille, Oregano und Lavendel in einem Beet anzupflanzen.

Eine Kräuterspirale wird von Norden nach Süden ausgerichtet, d. h. die unterste Ebene befindet sich an der nördlichen Seite und das Schneckenhaus windet sich sozusagen gen Süden empor. Idealerweise legt man die Kräuterschnecke direkt an einem Teich an, denn der unterste Bereich soll der feuchteste sein. Der Teich selbst liegt dann im Osten des Beetes, von dort geht der „Eingang" der Schnecke ab und so liegt der unterste Bereich des Beetes im Norden. Der Teich erzeugt nicht nur ein feuchtes Klima, sondern dient auch zur Wärme- und Lichtreflexion. Auf diese Art werden die Steine selbst im Winter erwärmt und wärmebedürftige Pflanzen können den Winter überstehen. Wenn Sie keinen Teich haben und auch keinen anlegen möchten, entfällt diese Möglichkeit. Sie sollten den Standort dann aber so wählen, dass der unterste Bereich nahe einer Baumgruppe oder eines größeren Baumes liegt, da auch dort ein feuchteres Klima herrscht; auf den anderen Seiten sollte hingegen weiträumig Platz sein, sodass die Sonne ungehindert auf das Beet strahlen kann.

Um Ihre Kräuterspirale anzulegen, legen Sie zunächst die Größe fest (am besten ist ein Durchmesser von drei Metern; die Höhe sollte insgesamt mindestens 80 cm betragen). Stecken Sie die Umrisse mit Holzstäben oder anderen Markierungen ab. Dann heben Sie die Grundfläche aus; für die Tiefe dient Ihre Spatenschaufel als Richtwert. Anschließend wird das so entstandene Loch mit grobem Kies und Schotter aufgefüllt. Nun formen Sie mit großen Steinen eine spiralförmige Mauer. Auch wenn die Schnecke eigentlich von außen nach innen verläuft, müssen Sie dabei trotzdem von innen nach außen vorgehen, da der innere Bereich der höchste ist.

Bauen Sie also in der Mitte eine Art Turm, der oben leicht schräg in Richtung Norden geneigt ist. Die Mitte des Turms sollte leicht eingemuldet sein. Damit das Ganze nicht umfällt, sollten Sie parallel schon beginnen, rund um den Turm weitere Steine aufzuschichten. Es ist manchmal ein kleiner Balanceakt, wie man die Steine am besten anordnet. Von Ihrem Turm aus geht es nun spiralförmig abwärts; das heißt, am nordwestlichen Rand des Turms geht diese obere, innere Ebene in den nächsten Bereich über, den Sie außen um den Turm herum bauen und die Steine dabei immer ein wenig niedriger aufschichten, je weiter Sie um die Schnecke herumkommen. So geht diese mittlere Ebene automatisch in die untere Ebene über. Legen Sie die Steine immer so, dass sich die Oberfläche der Spirale leicht nach innen neigt, sodass wiederum eine flache Mulde entsteht, die Sie später befüllen können.

Den Hauptanteil des Beetes nehmen der mittlere und untere Bereich ein, da diese die ganze Konstruktion stützen müssen. Der Turm in der Mitte hat daher (bei drei Metern Gesamtdurchmesser der Schnecke) ungefähr 50 cm Außendurchmesser und die sich herabwindende Spirale startet mit ca. 30 cm Breite. Bis zum östlichen Bereich verbreitert sie sich auf ca. 80 cm und bleibt ungefähr so breit, bis ihr Ende erreicht ist. Im östlichen, südlichen und westlichen Bereich kommen einige äußere Stütz-Steine hinzu, sodass die Schnecke ihren Gesamtdurchmesser erreicht. Die Maßangaben sind nur beispielhafte Richtwerte, entscheidend ist die Art der Konstruktion – von schmal zu breit, von hoch zu niedrig – müssen Sie beachten. Wichtig ist außerdem, dass Sie nur mit den Steinen bauen und kein Befestigungsmaterial wie z. B. Mörtel benutzen. So können sich in den Zwischenräumen Pflanzen, Insekten und vielleicht sogar eine Eidechse ansiedeln.

Wenn Sie fertig mit der Mauer sind, geht es an die Befüllung. Sie benötigen vier verschiedene Arten von Bodengemischen, die an den Feuchtigkeitszonen orientiert sind. Mischen Sie mit normaler Gartenerde, Sand, Humus und Komposterde. Im oberen, trockenen Bereich (der Spitze des Turms und dem direkt angrenzenden, nördlichen Bereich der Windung) mischen Sie Erde und Sand halb und halb. Danach kommt die eher trockene Zone, die sich bis über den südlichen Teil der Spirale erstreckt; hier verwenden Sie ein Gemisch aus zwei Dritteln Erde und einem Drittel Sand. Im westlichen Bereich schließt sich dann die eher feuchte Zone an, wo Sie zwei Drittel Erde mit einem Drittel Humus und/oder Komposterde mischen. Im nörd lichen und untersten Bereich der Schnecke ist die feuchte Zone. Hier verwenden Sie ein Drittel Erde und zwei Drittel Humus bzw. Komposterde. Füllen Sie alles in den betreffenden Zonen in die eingemuldeten Flächen Ihrer Kräuterschnecke; gern reichlich, damit auch die Zwischenräume unter den Flächen aufgefüllt werden und die Pflanzen dort mit ihren Wurzeln Nährstoffe finden. Anschließend können Sie mit der Bepflanzung loslegen.

Ein **Schichtmulch-Beet** ist an sich eigentlich noch kein Anbaubeet, jedoch die Vorbereitung für ein solches. Es ist immer dann eine gute Lösung, wenn Sie eine Rasenfläche in ein Gemüsebeet umwandeln möchten und ein Jahr Zeit haben. Denn so lange dauert es, bis Sie das Beet zum Anbau von Gemüse nutzen können. Dafür haben Sie dann aber ohne Kraftaufwand die Rasenfläche umgewandelt und nährstoffreichen Boden gewonnen.

Legen Sie einfach auf der Fläche, die zum Gemüsebeet werden soll, mehrere Schichten Karton aus. Natürlich darf es nur reine Pappe sein, Plastik oder Klebeband dürfen nicht enthalten sein. Die Kartonschicht bedecken Sie dick mit Häckselgut, Laub, Kompost und Mist. Anschließend kommt eine weitere Schicht aus humusreicher Erde. Obendrauf legen Sie dick Stroh aus. Der Rest regelt sich von selbst – durch den Karton stirbt der Rasen ab und kann nicht mehr keimen. Innerhalb eines Jahres löst sich die Pappe auf und das organische Material zersetzt sich größtenteils.

So haben Sie auf einfache Art eine große Fläche für Ihren Gemüseanbau nutzbar gemacht. Ist der Prozess abgeschlossen, müssen Sie das Beet nur noch bepflanzen. Vor dem Anlegen des Schichtmulch-Beets müssen Sie natürlich schon überlegen, wie groß das Beet sein soll und wo der ideale Standort ist. Ein Gemüsebeet sollte am besten einen sonnigen, geschützten Standort haben.

Ein **Frühbeet** ist für all diejenigen das Richtige, die es im Frühjahr kaum abwarten können, das erste eigene Gemüse zu ernten. Es handelt sich dabei um eine Art kleines Gewächshaus. Es gibt Frühbeete als Bausatz im Handel, aber im Sinne der Permakultur sollten Sie es möglichst selbst bauen. Sie benötigen dafür alte Bretter, Pfosten und Fenster oder auch ungetrübtes Plexiglas.

Das Beet konstruieren Sie wie ein Hochbeet aus Pfosten und Brettern, aber Sie müssen hier darauf achten, dass die Konstruktion oben leicht abgeschrägt ist. Dies dient dem optimalen Lichteinfall – die niedrigere Seite wird nach Süden ausgerichtet. Bauen Sie einfach die Rückwand ca. 10–20 cm höher als die vordere und sägen Sie die oberen Seitenbretter entsprechend schräg zu. Zur Abdeckung verwenden Sie Fenster oder Plexiglas. Diese sollen aber nicht fest installiert sein, sondern müssen unkompliziert zwischendurch entfernt werden können. Denn Sie müssen Ihre Pflanzen gießen und das Beet möglichst täglich lüften (es sei denn bei Extremwetter oder starkem Frost). Wenn das Wetter mild ist, sollten Sie das Beet am Tag öffnen und zur Nacht wieder schließen.

Bei Fenstern müssen Sie, da diese ziemlich schwer sind, darauf achten, sie gut zu befestigen. Idealerweise sollten Sie Fensterscharniere verwenden. Zur Befestigung dient die Rückwand, damit Sie den Deckel von vorne aufklappen können. Verwenden Sie dann einen stabilen, längeren Holzstab, um das Fenster aufgekippt zu stützen. Außerdem müssen Sie im Vorwege die Maße des Fensters bedenken und das Beet in der entsprechenden Größe bauen.

Lassen Sie sich dieses im Glashandel so zuschneiden, dass es mit den Außenkanten des Beetes abschließt. Von der vorderen Seite Ihres Beetes setzen Sie dann „Stopper" an, damit die Scheibe nicht herunterrutschen kann. Dies können zum Beispiel mehrere einzelne Holzklötze sein oder auch ein durchgehendes Brett. Sie befestigen die Stopper mit rostfreien Schrauben an der Vorderseite des Beetes und zwar so, dass sie nach oben ca. 2 cm über das Plexiglas hinausragen. Das Ganze wiederholen Sie an den schrägen Seiten. An der Rückwand benötigen Sie keine Stopper, da die Scheibe nicht nach oben „flüchten" kann. So können Sie von dort das Plexiglas entfernen, wenn Sie Ihre Pflanzen gießen oder belüften wollen. Sie müssen bedenken, dass hinter dem Beet ausreichend Platz sein muss, um die Scheibe herauszuziehen.

Insgesamt muss das Frühbeet an einem vollsonnigen Standort stehen. Als Boden verwenden Sie Komposterde.

Steil nach oben – der Vertikalgarten

Auch Ihr Haus kann zum Garten werden. Mit einer Bepflanzung der Fassade können Sie einiges mehr an Fläche nutzen, als Ihr eigentlicher Garten zur Verfügung stellt. Hier soll es nicht um einen Dachgarten gehen – zwar können Sie auch auf dem Dach Ihres Hauses einen Garten einrichten, der bei einem Flachdach sogar begehbar und als „richtiger" Garten nutzbar ist, aber dies sollten Sie nur von einem Fachmann bzw. einer Fachfrau durchführen lassen. Denn es gibt sehr viel bezüglich des Bewässerungssystems, der geeigneten Pflanzen und der Dichtigkeit des Dachs zu beachten.

Problemlos selbst anlegen können Sie jedoch einen Vertikalgarten. Hierbei handelt es sich um ein „Beet", das an Ihren Hauswänden hochwächst. Sie benötigen lediglich Kletterhilfen und die richtigen Pflanzen. Geeignet sind prinzipiell alle Kletterpflanzen sowie Sträucher, die lediglich eine Stütze zum Wachsen benötigen. Sie müssen jedoch beachten, wie die Lichtverhältnisse sind.

Bei einem Einzelhaus haben Sie in der Regel vier Außenwände, die zu vier verschiedenen Himmelrichtungen zeigen, und insofern vier verschiedene Bedingungen. Wählen Sie die passenden Pflanzen, können Sie alle vier Wände als Vertikalgarten einrichten. Bei einem Doppelhaus oder einem Reihenhaus sind die Möglichkeiten begrenzter. Eventuell haben Sie nur eine Nord- und eine Südseite und damit zwei extreme Licht- und Wärmeverhältnisse. Bei einer Ost- und einer Westseite sind die Verhältnisse ebenfalls nicht leicht, da von Westen oft Stürme mit Starkregen kommen, während aus dem Osten mitunter ein schneidender, kalter Wind blasen kann. Pflanzen an den Hauswänden sind dem Wetter ausgeliefert, viel Schutz bieten können sie ihnen nicht. Trotzdem lassen sich gute Lösungen finden. Schutz vor Wind kann eine Hecke bieten. Gegen trockene Hitze können Sie Ihre Kletterpflanzen regelmäßig mit Wasser einsprühen. Nur die Lichtverhältnisse müssen Sie nehmen, wie sie sind.

Hat jede Pflanze ihren richtigen Stand- bzw. Rankort, gedeiht Ihr Vertikalgarten aber sicher prächtig. Als Rankhilfen setzen Sie insbesondere Spaliere ein, die Sie an den Hausmauern befestigen. Spaliere sind gitterartige Konstruktionen, die Sie entweder im Baumarkt kaufen oder selbst erstellen können. Um den Pflanzen den richtigen Weg zu zeigen und sie bei Wind festzuhalten, sollten Sie die Haupttriebe mit einem speziell dafür geeigneten Bast (pflanzlicher Faserstoff, den es im Pflanzenhandel oder im Baumarkt gibt) am Spalier anbinden, jedoch nicht zu fest. Spaliere können Sie aus dünnen Holzleisten, Bambusstäben oder Weidenruten selbst bauen, wenn Sie handwerklich ein wenig geschickt sind, ansonsten gibt es diese ebenfalls fertig zu kaufen, auch aus Edelstahl.

Am Boden können Sie rund um das Haus zusätzlich Gemüse- und Kräuterbeete anlegen oder Sie pflanzen noch eine Reihe Obststräucher vor Ihren Vertikalgarten. In letzterem Fall bieten Sie Ihren Kletterpflanzen bis zu einer gewissen Höhe Schutz vor Sonne und Wind, sodass Sie auch empfindlichere Pflanzen an exponierten Stellen ranken lassen können. Natürlich erfordert diese Planung einigen Platz, sollte also gut überlegt sein.

Was ist eine Erdmiete und wie legt man sie an?

Nein, Sie müssen keine Erde mieten, auch wenn der Name es vermuten lässt. Sie „mieten" vielmehr etwas von der Erde, nämlich Räume. Eine Erdmiete ist kein Beet, in dem Sie etwas anbauen, dennoch sollte sie ein Bestandteil Ihres Gartens sein und sollte in die Gestaltung einbezogen werden. Es handelt sich um ein Erdloch, welches als Lagerplatz für Ihre Ernte genutzt wird. Im Prinzip ist das der „Kühlschrank", den unsere Vorfahren nutzten. Mit dieser Methode können Sie Gemüse in großen Mengen über Winter einlagern. Sie sparen somit Lagerplatz im Haus und die Ernte wird auf natürliche Art und Weise gekühlt. Das schont den Geldbeutel und ist gut für die Umwelt.

Da es im Winter aber sehr kalt in der Erde werden kann, eignet sich nicht jedes Gemüse für die Lagerung in einer Erdmiete. Geeignet sind zum Beispiel Steckrüben, Möhren, Pastinaken, Rote Bete, Kohlrabi, Topinambur oder auch Kartoffeln. In der Erdmiete selbst darf bei diesen Gemüsen kein Frost herrschen, sondern es muss zwischen zwei und acht Grad Celsius kühl sein, wie im Kühlschrank. Unter normalen Umständen friert es nicht in der Erdmiete, nur bei längerem, starkem Frost kann das mal passieren. Da dies selten bei uns vorkommt, kann man die Erdmiete ohne Bedenken nutzen.

Wie legt man eine Erdmiete nun aber an? Zunächst einmal müssen Sie den richtigen Platz bzw. die richtigen Plätze wählen. Erdmieten sollten immer im Halbschatten liegen und der Ort sollte etwas erhöht und geschützt sein, damit wenig Regen eindringt und keine Staunässe entsteht. Infrage kommen zum Beispiel Plätze unter einem Vordach oder unter Bäumen.

An dem erwählten Ort heben Sie nun eine Grube aus, die der Menge des Gemüses, das Sie lagern möchten, angemessen ist. Die Tiefe liegt idealerweise bei 60 bis 80 Zentimetern. Es wird angenommen, dass die Frostgrenze im Boden bei circa 80 cm Tiefe liegt. Die Grube muss nicht zwangsläufig viereckig sein, es sei denn, Sie möchten Ihr Gemüse zum Schutz vor gefräßigen Besuchern in einer Kiste lagern. Als Alternative zur Kiste können Sie die Grube auch mit einem engmaschigen Draht auskleiden. Zusätzlich können Sie Bretter an den Seiten zur Stabilität befestigen. Auf den Boden kommt eine Schicht Sand, die ca. zehn Zentimeter dick ist. Der Sand dient als Drainage, d. h. eindrigendes Wasser wird dadurch aufgefangen.

Das Gemüse wird vor dem Einlagern nur grob gesäubert und dann auf den Sand gelegt. Sie können auch mehrere Schichten Gemüse übereinander legen, wobei die schwereren und größeren Sorten zuunterst liegen müssen. Um die Zwischenräume zu füllen, verwenden Sie wiederum Sand. Obendrauf legen Sie eine mindestens 10–20 cm hohe Schicht aus Stroh als Isolierung. Die Strohschicht muss nach oben auf einer Höhe mit der Erdoberfläche liegen. Anschließend legen Sie ein Holzgitter über die gefüllte Grube. Zusätzlich sollten Sie darauf eine Plexiglasscheibe legen, um zu verhindern, dass größere Wassermengen eindringen.

Und ohne Garten? Permakultur auf dem Balkon

Wenn Sie in einer Wohnung mit Balkon oder Terrasse wohnen oder Ihr Haus nur ein winziges Vorgärtchen hat, ist das für Permakultur kein Ausschlussgrund. Permakultur scheint im wahrsten Sinne des Wortes ein großes Projekt zu sein. Doch es geht auch anders – auch auf kleinstem Raum können Sie Ihren „Garten“ anlegen. Sie benötigen dann einfach Gefäße für Ihre Pflanzen. In Töpfen, Wannen und Hochbeeten mit Bodeneinsatz können Sie auf versiegeltem Fußboden problemlos Obst, Gemüse und Kräuter anbauen. Natürlich sind Ihre Möglichkeiten begrenzter als mit einem großen Garten, aber Sie werden sich wundern, wie viel Sie anpflanzen können. Es gibt Menschen, die auf ca. acht Quadratmetern Balkonfläche Erdbeeren, Himbeeren, Gurken, Kartoffeln, Äpfel, Paprika, Tomaten, Bohnen, Salbei und Lavendel anbauen. Viel Platz zum Sitzen oder Liegen bleibt da nicht mehr.

Bei Ihrer Planung müssen Sie bedenken, dass Sie alle Gefäße erreichen sollten, um sie zu gießen; den Rest des Bodens können Sie „Topf an Topf" in eine Anbaufläche verwandeln. Es ist darauf zu achten, dass jede Pflanze ihren geeigneten Standort hat, um genügend Licht oder Schatten zu bekommen. Kleine lichtbedürftige Pflanzen müssen also vor größeren Pflanzen stehen, während solche, die lieber Halbschatten mögen, hinter größeren stehen können.

Beachten Sie die generellen Lichtverhältnisse auf Ihrem Balkon oder Ihrer Terrasse. In der Regel ist ein Balkon einer bestimmten Himmelsrichtung zugewandt. Auf einem Südbalkon ist es zum Beispiel sehr hell und wird im Sommer extrem heiß, während ein Nordbalkon immer im Schatten liegt. Hat Ihr Balkon bzw. Ihre Terrasse eine Überdachung und/oder Seitenwände, sind die Gegebenheiten noch eingeschränkter. Sie müssen daher die passenden Pflanzen auswählen, um auf Ihrem Balkon oder Ihrer Terrasse Permakultur betreiben zu können. Ist es hell und warm bei Ihnen, können Sie durch die Anordnung der Pflanzen (siehe oben) und zur Not auch Schutzvorrichtungen dafür sorgen, dass empfindliche Pflanzen gut zurechtkommen. Sie können zum Beispiel Sonnenschirme, eine Markise oder ein Sonnensegel nutzen.

Pflanzen in Töpfen benötigen generell mehr Pflege als solche, die im Erdboden wachsen. Die relativ kleine Menge Erde im Gefäß speichert einerseits nicht viel Wasser, andererseits darf auch keine Staunässe entstehen. Daher müssen Sie stets die Feuchtigkeit der Erde im Auge behalten und regelmäßig Wasser geben, insbesondere auf einem überdachten Balkon. Jedes Gefäß muss unterhalb mit Löchern versehen sein, damit überschüssiges Wasser abfließen kann. Gießen Sie lieber öfter und dafür weniger, um zu hohe Feuchtigkeit zu vermeiden. Seltene, zu reiche Wassergaben nützen den Pflanzen kaum, da sie nicht auf einmal das ganze Wasser benötigen. Im schlechtesten Fall kann das zu Wurzelfäulnis führen. Zur Sicherheit können Sie Wasserstandsanzeiger verwenden, oder Sie machen eben die „Fingerprobe“.

Als Gefäße eignen sich nicht nur gekaufte Töpfe, sondern auch zum Beispiel ausgediente Waschschüsseln, Badewannen, Rührschüsseln, Schubladen und Aufbewahrungskisten. Die Löcher müssen Sie dann selbst bohren. Untersetzer sind nicht empfehlenswert, da sich darin Wasser stauen kann. Grundsätzlich gilt: Je größer das Gefäß, desto besser. Denn kleine Gefäße trocknen schneller aus bzw. der Feuchtigkeitshaushalt ist schwerer zu regulieren, außerdem können Sie dann immer nur eine Pflanze pro Topf anpflanzen. Sie eignen sich aber sehr gut zur Anzucht von Saatgut. In breiten, tiefen Gefäßen können Sie den natürlichen Verhältnissen im Garten gerechter werden und eine Lebensgemeinschaft mehrerer Pflanzen ansiedeln.

Die Rückwand und ggf. Seitenwände Ihres Balkons oder Ihrer Terrasse können Sie mit Kletterpflanzen beranken lassen, so nutzen Sie auch diese Fläche. Zudem können Sie Ihren Platz mit Blumenampeln (hängender Blumentopf) und Balkonkästen erweitern.

3. Basis des (Pflanzen-) Lebens: Boden und Bewirtschaftung

Ganz gleich für welche Pflanzen und Garten- bzw. Beetform Sie sich entscheiden, drei Dinge benötigen Ihre Schützlinge immer: Licht, Wasser und einen Boden mit ausreichend Nährstoffen. Am Licht können Sie nichts weiter tun, als den richtigen Standort für die jeweilige Pflanzenart auszuwählen. Wasser kommt im Garten meistens auf natürliche Art durch Regen. Boden und Wasser stehen allerdings in einem Zusammenhang, denn je nach Bodenbeschaffenheit wird mehr oder weniger Wasser gespeichert. Je nachdem, welchen Feuchtigkeitsbedarf Ihre Pflanzen haben, müssen Sie den Boden anpassen bzw. die geeigneten Pflanzen für Ihren Boden auswählen. Noch wichtiger ist es aber, die Nährstoffversorgung über den Boden sicherzustellen und diesen so zu pflegen.

Haben Sie sich für einen Waldgarten oder eine Streuobstwiese entschieden, regeln diese alles Wichtige von selbst, wie in der Natur eben. Nur bei langen Trockenperioden müssen Sie den kleineren Pflanzen unter Umständen mit Wasser zu Hilfe kommen, da ihre Wurzeln nicht bis ins Grundwasser reichen. In einer Obstbaum-Lebensgemeinschaft sorgen die Pflanzen ebenfalls füreinander, wenn Sie sich nach der Bepflanzungsempfehlung wie beschrieben richten. Auch im Hoch- und Hügelbeet sowie in der Kräuterspirale haben Sie durch die Konstruktion an sich schon alles Nötige getan. Zur Optimierung der Ernteerträge ist das Thema Gründüngung wichtig, da Sie Ihren Ertrag verbessern können, indem Sie die „richtigen" Pflanzen benachbart ansiedeln.

Pflanzen als symbiotische Lebensgemeinschaft: Gründüngung

Manche Pflanzen haben die Eigenschaft, den Boden für andere Pflanzen zu verbessern. Sie wandeln Stickstoff, den sie aus der Luft aufnehmen, in Nitrat um und geben es in den Boden ab. In dieser umgewandelten Form können die umstehenden Pflanzen den benötigten Stickstoff besser aufnehmen. Außerdem lockern Gründüngungspflanzen den Boden auf, da sie tiefe Wurzeln bilden. Dies führt wiederum dazu, dass Nährstoffe besser aufgenommen werden können, aber auch zu einem besseren Bodenklima. Der Boden wird durchlüftet, sodass mehr Wasser gespeichert wird und die Humusproduktion steigt.

Zu den pflanzlichen Helfern gehören insbesondere Kreuzblütler und Schmetterlingsblütler. Beispiele dafür sind:

- Buchweizen

- Gelbe Lupine
- Bienenfreund
- Studentenblume
- Rot-Klee
- Ringelblume
- Winterraps
- Sonnenblume
- Feldsalat
- Winterroggen
- Wilde Malve
- Inkarnat-Klee
- Gelbsenf
- Ölrettich
- Lupinen

Die meisten dieser Pflanzen sind einjährig und werden von April bis August/September ausgesät. Nach dem Absterben werden die Pflanzen bzw. Pflanzenteile nicht entfernt oder geerntet, sondern vor Ort gelassen und als Mulch verwendet. Mehr zum Thema Mulchen lesen Sie im nächsten Unterkapitel „Boden und Bodenpflege“.

Gut geschützt ist besser: Bodenschutz und Bodenpflege

Die Basis des Lebens, der Boden, kann durch verschiedene Faktoren stark in Mitleidenschaft gezogen werden und dann sogar eine Gefahr für die Pflanzen darstellen. Frost, Austrocknung, Auswaschung, Verschlammung, Abtragung, Sonneneinstrahlung, Hitze – all das tut keiner Pflanze gut. Friert der Boden, können die Wurzeln platzen; bei zu starker Hitze oder Sonneneinstrahlung trocknet er aus und verhärtet sich, sodass die Pflanzen keine Feuchtigkeit mehr aufnehmen können. Wird er durch zu starke Nässe aufgeweicht, verlieren die Wurzeln ihren Halt – sogar junge Bäume können dann kippen. Starke Feuchtigkeit oder Trockenheit begünstigen zudem den Schädlings- und Krankheitsbefall.

Indem die Bodenoberfläche abgedeckt wird, können schädliche Einwirkungen größtenteils vermieden werden. **Bodendecker** und **Gründüngung** sind gute Maßnahmen, um den Boden zu schützen, denn je dichter die Fläche bepflanzt ist, desto mehr hält die Erde dank der Wurzeln zusammen und desto weniger Angriffsfläche besteht für Hitze, Kälte, Regen und Sonneneinstrahlung.

Eine Alternative dazu ist das **Mulchen**, das insbesondere auch als Winterschutz geeignet ist. Dabei wird Mulch (unverrottetes organisches Material) auf dem Boden verteilt. Es schützt die Erde somit nicht nur vor Umwelteinflüssen, sondern speichert Feuchtigkeit (ohne dabei zu verschlammen), wird nach und nach zu nährstoffreicher Humuserde umgesetzt und sorgt für ein aktiveres Leben von Mikroorganismen und Kleinlebewesen. Mulch kann aus jedem pflanzlichen Material bestehen, bekannt ist den meisten oft nur Rindenmulch. Wenn man diesen oder andere Holzteile verwendet, führt das jedoch dazu, dass der Boden sauer wird und ihm Stickstoff entzogen wird. Für säureliebende Pflanzen ist das gut, für andere weniger. Holzteile müssen in jedem Fall stark zerkleinert bzw. gehäckselt werden, um als Mulch einsetzbar zu sein. Besser geeignet sind abgestorbene Teile von Kräutern, Stroh, Heu, Laub, Gras, Brennnesseln und Kompost.

Bodendecker und Gründüngungspflanzen verlieren im Herbst ihre Blätter oder sterben sogar ganz ab, sodass sie weniger Schutz bieten. Ihre Überreste dienen als Bodenbedeckung, allerdings reichen die Pflanzenteile oft nicht für eine ausreichende Schutzschicht. Daher sollten Sie auch im Fall, dass Sie Gründüngung und/oder Bodendecker einsetzen, das Mulchen im Herbst nicht vergessen.

Zur **Bodenpflege** muss man kaum etwas tun, wenn man Gründüngung einsetzt, einen Waldgarten, eine Streuobstwiese oder eine Obstbaum-Lebensgemeinschaft hat. Sie erinnern sich: In der Permakultur soll man so wenig wie möglich eingreifen, denn der Boden und seine Organismen sollen nicht in ihrer Arbeit gestört werden. Im Gemüsebeet, wo oft etwas geerntet wird und neue Pflanzen angebaut werden, ist aber etwas mehr Pflegebedarf vorhanden. Das Gleiche gilt, wenn Sie Bäume oder Sträucher neu anpflanzen.

Die Bodenbeschaffenheit muss geprüft werden, damit die richtigen Pflanzen an den richtigen Standorten stehen oder gegebenenfalls notwendige Verbesserungen vorgenommen werden können (siehe unten). Vor der Aussaat muss das Beet oberflächlich aufgelockert werden. Beim Einpflanzen muss ein Loch ausgehoben werden, das den doppelten Umfang des Wurzelballens der Pflanze hat (das gilt auch bei Bäumen). Die Pflanze wird dann hineingesetzt, das Loch gleichmäßig von allen Seiten aufgefüllt und die Erde an der Oberfläche leicht festgedrückt.

Bei Aussaat und Neubepflanzung sollte der Boden zuvor mit Humus (Blumenerde aus dem Fachhandel) oder Kompost (verrottete Gartenabfälle) und im Fall von Pflanzen, die einen kalkhaltigen Boden mögen, außerdem mit Algenkalk angereichert werden. Nach dem Säen bzw. Einpflanzen sollte die Erde bewässert werdern. Achten Sie dabei auf vorsichtiges Gießen, damit die Saat nicht ausschwemmt bzw. sich der Wurzelballen nicht lockert.

Was „kann" der Boden? Analyse der Gegebenheiten

Wo Sie wohnen, hat einen Einfluss darauf, was Sie anbauen können – jedenfalls, wenn Sie die Gegebenheiten nicht verändern. Ihr Garten ist nun einmal an einem bestimmten Ort und der Boden dort hat eine bestimmte **Beschaffenheit**. Es gibt Tonböden, Lehmböden und Sandböden.

- **Tonböden** sind die lebensfeindlichsten, da sie sehr hart, dicht und nährstoffarm sind.

Wenn Sie einen Tonboden haben, sollten Sie ihn durch Beimischung von Sand auflockern und mithilfe von Humus und Kompost mit Nährstoffen anreichern.

- Auch bei **Lehmböden** empfiehlt es sich, etwas Sand unterzumischen und organisches Material hinzuzufügen, denn auch diese sind ziemlich fest. Manche Pflanzen wachsen jedoch gern auf ihnen.
- **Sandböden** sind hingegen lebensfreundlich. Die lockere Zusammensetzung von Sandböden fördert die organischen Prozesse. Das wirkt sich positiv auf den Nährstoffgehalt im Boden aus. Allerdings speichern sie grundsätzlich weniger Wasser als die härteren Böden. Ist ein Sandboden zum Beispiel im Waldgarten oder in einem Beet mit Gründüngung reichlich bepflanzt, regelt sich der Feuchtigkeits- und Nährstoffhaushalt von selbst. Wenn nicht, kann es jedoch nötig sein, Humus hinzuzufügen.

Um festen Boden mit Sand zu vermengen, graben Sie ihn zunächst mit einer Grabeschaufel um und streuen dann eine Schicht Sand darüber. Im ersten Jahr sollten Sie mit 2 Eimer Sand pro Quadratmeter rechnen. In den Folgejahren reicht dann ein halber Eimer. Anschließend vermengen Sie alles mit einer Harke. Um dem Boden Kompost oder Humus hinzuzufügen, lockern Sie nur leicht die oberste Schicht auf und bedecken die Oberfläche mit einer Schicht Humus bzw. Kompost. Wenn Sie anschließend noch einmal harken, verbindet sich der Humus bzw. Kompost besser mit der Erde. Dies ist jedoch nicht unbedingt notwendig, da der Regen die nährstoffreiche Zugabe in den aufgelockerten Boden einbringt. Während Sie Sand nur einmal beimengen müssen, kann es bei Humus oder Kompost nötig sein, den Vorgang regelmäßig zu wiederholen. Das ist insbesondere der Fall, wenn Sie das Beet komplett abernten. In diesem Fall bleibt kein organisches Material zurück, das sich natürlich zersetzen kann. Wenn Sie jedoch ohnehin mulchen, dient bereits der Mulch als Quelle nährstoffreicher Erde.

Wie erkennen Sie nun, was für einen Boden Sie haben? Ganz einfach: Stechen Sie mit dem Spaten hinein und holen Sie ein Stück des Bodens hinaus. Fühlen Sie, wie schwer oder leicht der Einstich ist; betrachten Sie, was Sie auf dem Spaten haben; ertasten Sie auch mit der Hand die Beschaffenheit. Ist der Boden rötlich, der Einstich schwer und die Konsistenz sehr fest, handelt es sich um einen Tonboden. Bei einem Lehmboden ist die Farbe schlammig-braun, die Konsistenz relativ fest und der Einstich mittelschwer. Ein Sandboden lässt sich gut ausheben, die Beschaffenheit fühlt sich locker an und es sind deutlich Sandkörner zu erkennen. Wiederholen Sie dies an mehreren Stellen Ihres Gartens, denn es ist durchaus möglich, dass der Boden unterschiedlich ist.

Es gibt noch zwei weitere wichtige Faktoren: Den **pH-Wert** und den Humusgehalt. Beim pH-Wert wird unterschieden zwischen

- Torfböden,
- lehmigen Böden und
- kalkhaltigen Böden.

Lehmige Böden haben mit einem Wert von ca. 7,0 die idealen Voraussetzungen für die meisten Nutzpflanzen, jedoch wachsen manche Pflanzen auch gern auf leicht sauren Torfböden (Werte unter 6,5) und andere auf alkalischen, kalkhaltigen Böden (Werte über 7,5).

Um den pH-Wert festzustellen, geben Sie eine Bodenprobe in ein Glas mit Schraubverschluss. Füllen Sie das Glas dann mit destilliertem Wasser auf (mit Leitungswasser oder Mineralwasser funktioniert es nicht). Anschließend verschließen Sie das Glas und schütteln es gut durch. Dann lassen Sie es zehn Minuten in Ruhe stehen und messen mit einem speziellen Messstreifen den pH-Wert. Solche Streifen gibt es in der Apotheke. Auch dies sollten Sie an verschiedenen Orten Ihres Gartens durchführen.

Beim **Humusgehalt** gilt grundsätzlich: Je mehr, desto besser. Die Ausnahme bilden Pflanzen, die nährstoffarme Böden mögen. Zur Bestimmung des Humusgehalts führen Sie die sogenannte Schlämmprobe durch. Befüllen Sie Gläser mit Bodenproben, wiederum von unterschiedlichen Stellen, und füllen Sie sie mit Wasser auf. Hier reicht

Leitungswasser. Lassen Sie die Gläser dann eine gewisse Zeit stehen, eine halbe Stunde sollte genügen. Der Boden setzt sich in verschiedenen Schichten ab: Ganz nach unten sinken Steine, dann kommt Sand, darüber Ton, danach getrübtes und schließlich klares Wasser. Obenauf schwimmen leichte organische Bestandteile. Der interessante Teil ist der mit dem getrübten Wasser. Je dunkler die Färbung ist, desto mehr Humus enthält Ihr Boden.

Humusreicher Boden kann viel Feuchtigkeit speichern und besitzt viele Nährstoffe. Durch die Analyse sehen Sie, ob Sie Humus oder Kompost in den Boden mengen oder Gründüngung vornehmen sollten bzw. für welche Pflanzen Ihr Boden geeignet ist.

Von Pflanzen für Pflanzen: Kompost, Humus und Jauche

Wenn Ihr Boden zu wenige Nährstoffe hat, finden Sie zum Glück in der Natur und in Ihrer Küche alles, um ihn fruchtbarer zu machen. Aus Küchen- und Gartenabfällen entsteht Kompost, aus abgestorbenen Pflanzenteilen wird Humus und aus Blättern verschiedener Pflanzen können Sie eine natürliche Düngelösung herstellen. Aber eins nach dem anderen.

Humus ist Nährstoffquelle und Wasserspeicher zugleich. In der Natur oder auch im Waldgarten wird ständig Humus produziert, indem Laub und andere abgestorbene Pflanzenteile zum Beispiel von Mikroorganismen und Regenwürmern zersetzt werden. So ist der Boden immer mit ausreichend Kohlenstoff, Wasserstoff, Stickstoff, Schwefel und Phosphor versorgt. Im Gemüse- und Kräuterbeet wird hingegen geerntet, abgetragen und umgegraben, sodass Humus nicht auf-, sondern abgebaut wird. Damit Nutzpflanzen wachsen und gedeihen können, benötigen sie jedoch einen humusreichen Boden. Das Ziel ist also, in Ihren Beeten den Humusaufbau zu fördern.

Hierfür müssen Sie organisches Material in oder auf den Boden bringen. Ein Mittel ist die bereits beschriebene Gründüngung, die den Mikroorganismen und Bodenlebewesen durch die Auflockerung des Bodens ein „leichtes Spiel“ ermöglicht und durch die abgestorbenen Pflanzenteile selbst zu Humus wird. Eine weitere Möglichkeit ist das Mulchen, da die Blätter, Rindenteile etc. wie im Wald den Boden überdecken und sich zersetzen. Auch Kompost besteht aus Pflanzenteilen und anderen organischen Materialien (siehe unten). Wenn Sie diesen mit der oberen Erdschicht vermengen, erzeugen Sie ebenfalls humusreichen Boden. Wer sich nicht am Geruch stört, kann auch Mist von Pflanzenfressern einsetzen – dieser ist schließlich auch nur verdaute Natur.

Ein **Komposthaufen** sollte in keinem ökologischen Garten fehlen, denn er ist sozusagen eine Humusfabrik. Organisches Material aus Küche und Garten wird hier beschleunigt zersetzt, sodass Sie schneller nährstoffreiche Erde erzeugen können, als wenn sich einfach nur Pflanzenteile auf dem Boden zersetzen. Ein weiterer Pluspunkt ist, dass Sie einen großen Teil Abfall vermeiden, indem Sie ihn einfach direkt selbst recyceln. Nicht alles darf jedoch auf den Komposthaufen – **nicht dorthin gehören**:

- samentragende „Unkräuter"
- Wurzel-„Unkräuter"
- große Holzstücke
- kranke Pflanzenteile
- Fleisch, Wurst und Fisch (diese ziehen Ratten an)

Um den „perfekten" Kompost zu produzieren, müssen Sie zudem noch einiges beachten: Die Art und Größe der Bestandteile, die Belüftung, der Wassergehalt, die Temperatur, der pH-Wert und das Kohlenstoff-Stickstoff-Verhältnis entscheiden darüber, wie schnell und effizient das Material abgebaut wird:

- Krautige Pflanzenteile werden besser abgebaut als verholzte und kleines Material wird schneller zersetzt als großes.
- Für die Zersetzung des Materials ist Sauerstoff nötig.
- Wasser sorgt dafür, dass sich Mikroorganismen sowie Abbaustoffe verteilen.
- Wärme beschleunigt den Abbauprozess, Hitze hemmt ihn hingegen. Im Kompost-

haufen selbst entsteht durch die Zersetzung Wärme.

- Mikroorganismen brauchen genügend Stickstoff, wie er in frischem und weichem Pflanzenmaterial in großer Menge vorhanden ist; andererseits wird der Abbauprozess durch zu viel Stickstoff gehemmt.

Das klingt wie eine Wissenschaft für sich, mit ein paar Grundregeln ist es jedoch gar nicht so schwer: Am besten sollten Sie 50 bis 75 % trockenes Material mit 25 bis 50 % frischem Material kombinieren. Verwenden Sie sowohl trockenes als auch feuchtes und sowohl hartes als auch weiches Material. Der Komposthaufen sollte mindestens einen Kubikmeter groß sein. Bei weniger Platz empfiehlt sich stattdessen ein Wurmkompost. Dieser besteht aus einer speziell konstruierten, verschließbaren Box mit – wie der Name schon sagt – Würmern. Solche Boxen und Würmer kann man im Internet bestellen und auch auf dem Balkon einsetzen.

Mit **Pflanzenjauche** bringen Sie fast alle Pflanzen wieder auf Trab. Die einzigen Ausnahmen bilden Möhren, Erbsen, Zwiebeln und Knoblauch. Pflanzenjauche enthält viel Stickstoff und Kali, außerdem regt sie die Bildung des grünen Blattfarbstoffs (Chlorophyll) an. Indem sie Regenwürmer anlockt, fördert sie zudem den Zersetzungsprozess abgestorbener Pflanzenteile, die wiederum Nährstoffe in den Boden abgeben.

Zur Herstellung benötigen Sie Blätter und Stiele von Löwenzahn, Brennnessel, Zwiebel, Giersch, Schachtelhalm, Knoblauch, und/oder Kamille. Blüten können auch verwendet werden, Samen sollten jedoch noch nicht enthalten sein. Schneiden Sie die Teile klein, aber nicht zu klein und legen Sie sie in ein großes Gefäß aus Ton, Plastik oder Holz. Verwenden Sie keine Metallgefäße, denn diese könnten chemisch reagieren.

Füllen Sie das Gefäß mit Wasser auf, bis ca. drei Viertel der Höhe. Beim Gären der Jauche kann diese stark schäumen. Am besten verwendet man Regenwasser. Leitungswasser sollten Sie einige Tage abstehen lassen, am besten in der Sonne, sodass ggf. enthaltenes Chlor entweichen kann. Die Jauche muss zwei bis drei Wochen gären (zwei bei wärmeren Temperaturen, drei bei kühleren). Rühren Sie sie täglich gut um. So gelangt Sauerstoff in das Gemisch, der den Umsetzungsprozess vorantreibt.

Die Pflanzenjauche ist fertig, wenn sie nicht mehr schäumt. Dann entfernen Sie die festen Pflanzenteile mithilfe eines Siebes und füllen die Jauche zum Aufbewahren in ein fest verschließbares Gefäß. Dort hält sie sich mehrere Monate.

Um die Jauche zum Düngen verwenden zu können, muss sie verdünnt werden. Mischen Sie sie im Verhältnis 1:10 mit Regenwasser oder abgestandenem Leitungswasser. Bei empfindlichen Pflanzen ist eine stärkere Verdünnung (mindestens 1:20) empfehlenswert.

Schwarzes Wunder: Terra Preta

In den 1960er-Jahren entdeckten Forscher im Amazonasgebiet einen besonderen Boden. Er war tiefschwarz und sehr reich an Nährstoffen, obwohl die Erde im Amazonas normalerweise wenige Nährstoffe besitzt. Die „schwarze Erde", was auf Portugiesisch „terra preta" heißt, entstand nicht auf natürliche Weise, sondern durch eine spezielle Art der Bewirtschaftung durch die Ureinwohner. Sie verwendeten ein Gemisch aus Pflanzenresten, Mist, menschlichen Fäkalien, Tonscherben, Knochen oder Fischgräten sowie Holz- und Pflanzenkohle.

Das Besondere ist die Kohle, die der Erde nicht nur die schwarze Färbung gibt, sondern die Bodenfruchtbarkeit erheblich erhöhen soll. Kohle hat eine poröse Struktur, sodass sie eine große Oberfläche besitzt. Auf dieser Oberfläche können sich humusproduzierende Mikroorganismen ansiedeln. Zusätzlich dient die Kohle als Speicherort für Wasser und Nährstoffe. Terra Preta besitzt ca. die doppelte Menge an Stickstoff und die vierfache Menge an Phosphor wie herkömmliche Gartenerde.

Forschungsergebnisse zeigen zwar, dass nicht alle Pflanzen in gleichem Ausmaß auf die Düngung mit Terra Preta reagieren, aber grundsätzlich ist die Maßnahme ähnlich wirkungsvoll wie Kompost. Für

Pflanzen, die säurehaltige Böden benötigen, ist Terra Preta aufgrund ihres hohen pH-Wertes jedoch nicht geeignet. Wenn man Kompost und Terra Preta zusammen vermischt, soll die Wirkung am besten sein.

Der Nachteil ist, dass fertige Terra-Preta-Produkte sehr teuer sind. Experten empfehlen daher, lediglich Kohle zu kaufen und diese dem Kompost hinzuzufügen, die Kohle darf jedoch nicht allein in die Erde gebracht werden, denn dann entzieht sie dem Boden Nährstoffe! Beim Kauf von Kohle müssen Sie darauf achten, dass die Produkte das Label des „European Biochar Certificate (EBC)" tragen. Nur dadurch wird gewährleistet, dass die Kohle schadstoffarm ist. Grillkohle ist nicht geeignet. Wenn Sie Kohle selbst erzeugen möchten, können Sie in einer Feuerstelle oder im Kamin Holz verkohlen, welches Sie durch Astschnitt an Ihren Bäumen gewonnen oder aus bekannten, ökologisch einwandfreien Quellen bezogen haben. Dafür müssen Sie es zunächst zerkleinern bzw. häckseln. Es soll nicht richtig brennen, sondern nur glühen. Da das für Anfänger relativ kompliziert ist, empfehle ich den Kauf zertifizierter Kohle.

Bewässerung – ist das wirklich nötig?

Ein Garten muss normalerweise nicht extra gewässert zu werden, denn durch Regen und den Feuchtigkeitsspeicher der (Humus-)Erde steht den Pflanzen genügend Wasser zur Verfügung; jedenfalls, wenn sie am richtigen Standort stehen und keine sehr lange trockene Periode herrscht. Insbesondere im Frühling und Sommer benötigen die Pflanzen viel Wasser, da sie dann austreiben und ihre Blätter, Blüten und Früchte versorgen müssen. Kommt es in dieser Zeit zu einer längeren Phase ohne Regen, beobachten Sie Ihren Garten und nehmen Sie auch mal eine Schaufel voll Erde aus dem Boden, um zu fühlen, wie feucht oder trocken sie ist.

Kleine und feuchtigkeitsbedürftige Pflanzen reagieren zuerst auf Wassermangel, sie sind also für Sie die Warnmelder. Den großen Pflanzen, insbesondere älteren Bäumen, geht es dann noch nicht schlecht, da ihre Wurzeln sehr tief gehen; bei Sträuchern und jungen Bäumen kann aber Schaden durch Wassermangel entstehen – bei Kräutern und Gemüsepflanzen erst recht. Insbesondere während der Keimphase und nach der An- und Umpflanzung müssen Sie Ihre Beete regelmäßig mit Wasser versorgen.

Kleinere Beete können Sie einfach mit einer Gießkanne bewässern – immer mit Aufsatz, damit sich das Wasser weich und gleichmäßig verteilt. Leidet Ihr ganzer Garten an Trockenheit, sollten Sie lieber zum Gartenschlauch greifen. Am besten ist immer Regenwasser (das Sie mithilfe einer Regentonne auffangen können) oder abgestandenes Leitungswasser, zur Not tut es auch das Wasser direkt aus der Leitung.

Im sonnigen Gemüsebeet oder auf dem Balkon müssen Sie ständig auf die Bewässerung achten, ganz besonders wenn Ihr Balkon ein Dach hat. Am besten halten Sie immer mindestens eine große Gießkanne mit abgestandenem Wasser bereit, um schnell einen „guten Schluck" verteilen zu können. Ob auf dem Balkon oder im Garten, es muss immer darauf geachtet werden, dass Sie nicht zu viel zu wässern – das ist mindestens genauso schädlich, wie zu wenig.

Erde in Töpfen – was gibt es zu beachten?

Wenn Sie Ihren Anbau auf dem Balkon oder der Terrasse betreiben, entfällt die Problematik mit der Bodenanalyse und gegebenenfalls Verbesserung der Bodenqualität. Schließlich verwenden Sie ja Erde, die Sie im Pflanzenhandel gekauft haben (achten Sie auf ökologisch unbedenkliche Produkte ohne Düngemittel oder andere Chemie). Diese ist grundsätzlich bereits mit Humus angereichert, sodass Sie zunächst nichts mehr tun müssen. Auf große Experimente in verhältnismäßig kleinen Töpfen sollten Sie verzichten, da die Gefahr besteht, dass der Boden schimmelig oder faulig wird.

Worauf Sie jedoch nicht verzichten sollten, sind regelmäßige Gaben von Humus, Kompost oder im Bedarfsfall auch Pflanzenjauche, denn nach ein bis zwei Jahren ist der Nährstoffgehalt der Erde aufgebraucht. Da sich die Erde in Töpfen stärker verdichtet, ist es außerdem ratsam, sie regelmäßig vorsichtig aufzulockern. Beobachten und ertasten Sie die Festigkeit der Erde und benutzen Sie Ihre Finger zum Auflockern. Bei schon stark verfestigter Erde können Sie vorsichtig einen Stock oder Löffel einsetzen. Achten Sie darauf, keine Wurzeln zu beschädigen. Außerdem sollten Sie zum Schutz des Bodens im Herbst eine Mulchschicht auf den Boden legen; so produzieren Sie gleichzeitig Ihren Humus.

Beachten müssen Sie neben der regelmäßigen Wässerung auch den Winterschutz der Pflanzen. Junge Bäumchen, Sträucher, Ranken und mehrjährige Kräuter- und Gemüsepflanzen sollten vor dem Gefrieren der Erde im Topf geschützt werden, indem die Gefäße in Noppen- oder Isolierfolie oder Strohmatten eingewickelt werden – natürlich so, dass die Pflanzen rausgucken und genügend Licht bekommen. Die so verpackten Pflanzen sollten an einem möglichst geschützten Ort stehen. Falls Sie Pflanzen haben, die in wärmeren Gefilden zu Hause sind, sollten Sie diese bei Temperaturen unter 10 °C in die Wohnung holen. Wenn es in der Nacht kühler und am Tag wärmer ist, lassen Sie die Pflanzen den Tag draußen verbringen und holen Sie sie über Nacht rein.

4. Pflanzen im Permakultur-Garten

Für die Vielzahl von Obst-, Gemüse- und Kräuterpflanzen könnte man ein eigenes Buch schreiben, daher möchte ich Ihnen im Folgenden nur die beliebtesten vorstellen und ihre notwendigsten Bedürfnissen beschreiben. Achten Sie darauf, welche bezüglich Standort, Boden und Größe für Sie geeignet sind. Es kommt nicht nur auf Ihren Geschmack an, sondern es muss den Pflanzen auch gut gehen. Zusätzlich sind Zeiträume angegeben, von wann bis wann die Vorkultur (V), Freilandaussaat (F), die Pflanzug (P) und die Ernte (E) der jeweiligen Pflanzen stattfinden.

Obstbäume und -sträucher

Apfelbäume gibt es in unzähligen Sorten, die in der Wuchshöhe stark variieren. Alle benötigen einen sonnigen Standort mit lehmigen und nährstoffreichen Böden. Um Früchte zu tragen, ist eine passende Befruchtersorte erforderlich.

E: August bis Oktober

Aprikosenbäume werden nur fünf bis sechs Meter hoch. Sie möchten warm, vollsonnig und geschützt in einem lockeren, gut durchlässigen und humusreichen Boden stehen.

E: Mitte Juli bis Ende August

Birnbäume lieben vollsonnige und warme Plätze in humusreichem, lehmigem Boden. Sie sind meist hochwüchsig, es gibt aber kleine, veredelte Sorten. Wie für Äpfel ist für sie eine Befruchtersorte notwendig.

E: Juli bis Winter

Esskastanien (Maronen) erreichen eine Höhe von 25 Metern. Sie stehen gern sonnig bis halbschattig in nährstoffreichem, saurem, nicht kalkhaltigem Boden. Da männliche und weibliche Blüten an einem Baum zeitversetzt blühen, benötigen sie zur Befruchtung einen Partnerbaum.

E: September bis Oktober

Haselnussbäume bzw. -sträucher werden bis zu sieben Metern hoch und ebenso breit. Sie brauchen lockeren, nährstoffreichen Boden, einen sonnigen bis halbschattigen Standort sowie eine Befruchtersorte.

E: ab Anfang September

Mirabellen (Gelbe Zwetschgen) benötigen einen nährstoffreichen, lockeren und feuchten Boden. Die hoch- und starkwüchsigen Bäume bevorzugen sonnige bis halbschattige Standorte.

E: August bis September

Pflaumenbäume (Zwetschgen) erreichen eine Größe von vier bis acht Metern. Sie lieben es sonnig und warm. Der Boden sollte für sie nährstoffreich, humusreich und feucht sein.

E: Juli bis Oktober

Sauerkirschen mögen es sonnig bis halbschattig. Die vier bis sechs Meter hohen Bäume benötigen einen lockeren, nährstoffreichen Boden.

E: Ende Juli bis Mitte August

Süßkirschen werden sehr groß (bis 20 Meter) und ausladend. Sie bevorzugen vollsonnige und warme Plätze und einen nährstoffreichen, lockeren, leicht sandigen Boden. Außerdem ist eine Befruchtersorte erforderlich.

E: Ende Mai bis Mitte Juli

Walnussbäume möchten sonnig bis halbschattig und warm stehen. Ihr Boden sollte tiefgründig, feucht und leicht sandig sein. Sie benötigen viel Platz – bis zu 20 Meter in der Höhe und in der Breite.

E: Mitte September bis Ende Oktober

Zwergobststräucher, kletternde Obstpflanzen und Bodenobst

Brombeeren sind keine „richtigen" Kletterpflanzen, jedoch benötigen die Sträucher einen Halt durch ein Spalier. Sie möchten sonnig bis halbschattig wachsen und brauchen einen humusreichen, gut durchlässigen, kalkarmen Boden.

E: Juli bis Oktober

Erdbeeren sind zwar überall gute Bodendecker, aber an vollsonnigen und leicht windgeschützten Plätzen tragen sie die schönsten Früchte. Der Boden ist für sie am besten locker, tiefgründig, humusreich und sauer.

F: Ende Januar bis Mitte März

E: Mai bis September

Heidelbeeren (Blaubeeren) wachsen als bis zu 1,7 Meter hohe Sträucher, die einen sonnigen Standort benötigen. Der Boden sollte humusreich, sandig bis moorig, sauer und feucht sein.

E: ab Juli

Himbeersträucher müssen wie Brombeeren durch eine Rankhilfe gestützt werden. Sie werden bis 2,5 Meter hoch und benötigen einen sonnigen bis halbschattigen, windgeschützten Standort. Der

Boden sollte humusreich, locker, tiefgründig und leicht sauer sein.

E: Juni bis Juli/August bis November

Johannisbeeren mögen es sonnig bis halbschattig. Die bis zu zwei Meter hohen Sträucher mit weißen, roten oder schwarzen Beeren gedeihen am besten in tiefgründigem, humusreichem, nährstoffreichem Boden.

E: Juni bis Juli

Stachelbeeren wachsen als Sträucher, Bäumchen oder am Spalier. Sie bevorzugen einen halbschattigen Standort und einen lockeren, humusreichen, leicht feuchten Boden.

E: Ende Mai

Weinreben brauchen Wärme, volle Sonne und Schutz vor Wind und Wetter. Bezüglich des Bodens sind die empfindlichen Südeuropäer jedoch anspruchslos. Am liebsten mögen sie ihn aber tiefgründig und nicht zu feucht. Tiefgründig bedeutet, dass im Boden keine harten Schichten oder Gesteine vorkommen. Weinreben können eine Wuchshöhe von zehn Metern erreichen.

E: ab Ende August je nach Sorte

Blattgemüse

Um Blattgemüse fortlaufend ernten zu können, entnehmen Sie am besten immer nur die äußeren Blätter.

Eisbergsalat wächst bevorzugt sonnig bis halbschattig und stellt an den Boden keine besonderen Ansprüche. Dieser kann gern locker und humusreich sein. Die erste Ernte ist elf bis zwölf Wochen nach Aussaat möglich.

F: Mitte März bis August

E: Mai bis Oktober

Feldsalat mag es sonnig und ist bezüglich des Bodens anspruchslos. Die Blätter dieses kleinen Salats können Sie ab September ernten und er bleibt Ihnen bei korrekter Lagerung bis in den Januar haltbar.

F (1): März bis Mitte April

F (2): August bis September

E (1): Mai bis Blüte

E (2): Oktober bis März

Kopfsalat benötigt einen vollsonnigen Standort mit tiefgründigem, humusreichem Boden. Die ersten Blätter können acht bis zehn Wochen nach Aussaat geerntet werden.

F: Mitte April bis August

E: Mai bis Oktober

Mangold möchte gern an einem sonnigen Standort wachsen. Er benötigt tiefgründigen, lockeren, humusreichen, nährstoffreichen und feuchten Boden. Denken Sie an ausreichend Platz für die großen Blätter. Diese können zum ersten Mal zwei Monate nach der Aussaat geerntet werden.

F: April bis August

E: Juli bis Oktober

Rhabarber ist eine mehrjährige Pflanze, die jedes Jahr mehr Ertrag bringt. Er sollte am besten im Herbst oder Frühjahr gepflanzt werden. Erst im zweiten oder besser im dritten Jahr kann die erste Ernte erfolgen. Die ausladende Pflanze benötigt einen sonnigen bis halbschattigen Standort mit humusreichem, nährstoffreichem und feuchtem Boden.

P: September/Oktober oder März/April

E: ab Mai des 3. Jahres

Rucola fühlt sich an einem vollsonnigen Platz wohl. Der Boden sollte für ihn humusreich, sandig bis lehmig und feucht sein. Vier bis sechs Wochen nach der Aussaat können Sie die ersten Blätter ernten.

F: April bis Anfang September

E: Mai bis Oktober

Spinat braucht einen vollsonnigen bis halbschattigen Ort und wächst am liebsten auf humusreichem, durchlässigem, feuchtem Boden. Ab sechs bis acht Wochen nach der Aussaat können Sie Blätter ernten.

V (1): Februar bis April

F (1): Mitte März bis April

F (2): Mitte August bis Anfang Oktober

E (1): Mai bis Mitte Juli

E (2): Oktober bis März

Kohlgemüse

Im Gegensatz zu den Blattgemüsen wird hier der gesamte oberirdische Teil der Pflanze auf einmal geerntet.

Blumenkohl wächst an vollsonnigen bis halbschattigen Plätzen und benötigt lehmigen, tiefgründigen, nährstoffreichen, feuchten und kalkhaltigen Boden. Er sollte zunächst in Anzuchtschalen ab Ende Februar vorkultiviert werden, bevor er vier bis sechs Wochen später ins Beet ausgepflanzt wird.

V: Februar bis März

F: April bis Mitte Juni

E: Juni bis Oktober

Brokkoli mag sonnige Standorte mit tiefgründigem, nährstoffreichem, feuchtem und kalkhaltigem Boden. Es gibt Sommerbrokkoli und Winterbrokkoli; ersterer wird Mitte/Ende Mai ausgesät und ab sieben Wochen danach geerntet, während zweiterer zwischen August und September ausgesät und von März bis Mai des Folgejahres geerntet wird. Bei Brokkoli besteht die Besonderheit, dass er aus dem Strunk erneut austreiben kann.

V: März bis Juni

F: Ende April bis Juni

E: Juni bis Oktober

Grünkohl wächst am besten in der Sonne. An den Boden erhebt er keine großen Ansprüche. Am besten geht es ihm auf humusreichem, kalkhaltigem und nährstoffreichem Boden. Er ist ein Wintergemüse, das einmal Frost benötigt und von November bis Januar geerntet wird.

F: Mai bis Juli

E: Oktober bis Februar

Rotkohl benötigt einen humusreichen, feuchten, leicht kalkhaltigen und nährstoffreichen Boden an einem sonnigen bis halbschattigen Standort. Die Ernte erfolgt 14 bis 21 Wochen nach Aussaat.

V: März bis Anfang April

F: April bis Mai

E: Juli bis November

Fruchtgemüse

Wie bei Obstpflanzen können Gemüsefrüchte fortwährend geerntet werden, entstehen aber erst nach der Blüte und Befruchtung.

Gurken aller Art brauchen einen vollsonnigen, windgeschützten, feuchtwarmen Standort. Der Boden sollte humusreich und locker sein. Acht bis neun Wochen nach der Aussaat können Sie die ersten Früchte ernten.

V: Ende März bis Mitte Mai (Sorten beachten)

F: Mitte Mai bis Ende Juni

E: Juli bis September

Kürbisse möchten in feuchtem, nährstoffreichem und sehr humusreichem Boden an einem sonnigen, leicht geschützten, warmen Platz wachsen. Sie können zwar ab Ende April direkt ins Beet gesät werden, aber eine Vorkultur mit Auspflanzung Ende Mai ist empfehlenswert. Geerntet wird nach dem Klopftest – hört sich der Kürbis hohl an, ist er erntereif.

V: April bis Mai

F: Mitte Mai bis Juni

E: Juli bis Oktober

Paprika hat mehrere Vertreter, von der Gemüsepaprika bis zur Peperoni. Alle Sorten sind sehr empfindlich und wärmebedürftig. Sie benötigen dennoch viel Wasser. Sie möchten an einem sonnigen, warmen und windgeschützten Ort in lockerem, humusreichem und nährstoffreichem Boden wachsen.

Die Pflanzen sind mehrjährig, das heißt sie werden älter als zwei Jahre. Die Überwinterung gelingt aber nur in beheizten Gewächshäusern oder Wintergärten. Sie werden zunächst in nährstoffarmer Erde in Vorkultur gezogen und ab Ende April ins Frühbeet bzw. Ende Mai ins Freiland ausgepflanzt. Ab Ende Juli/Anfang August werden die ersten Früchte geerntet.

V: Mitte Januar bis Ende April

F: nein

E: Mitte Juli bis Oktober

Tomaten gibt es in einer Vielzahl von Sorten. Fast alle benötigen eine Stütze bzw. Rankhilfe. Ihr Standort muss sonnig, warm und windgeschützt sein. Tomaten bevorzugen einen Boden der locker, humusreich, nährstoffreich und leicht ist. Es darf keine Staunässe entstehen. Die Aussaat erfolgt in Vorkultur ab Ende März, die Auspflanzung Ende Mai. Geerntet wird dann ab Ende Juli.

V: Mitte Februar bis April

P: Ende Mai

E: Juli bis Oktober

Zucchini benötigen einen sonnigen bis halbschattigen und warmen Ort mit lockerem, nährstoff- und humusreichem Boden. Neben der Direktsaat ab Ende Mai ist eine Vorkultur ab April mit Auspflanzung Mitte Mai möglich. Die ersten Früchte können sechs bis acht Wochen später geerntet werden.

V: April bis Mai

P: Mitte Mai bis Juni

E: Juli bis Oktober

Wurzel- und Knollengemüse

Hier befinden sich die begehrten Früchte unter der Erde – sie werden geerntet, indem man die Pflanze am oberirdischen Teil greift und vorsichtig mitsamt der Knollenfrüchte aus dem Boden zieht. Eine Ausnahme sind Kartoffeln: Diese müssen Sie mit dem Spaten ausgraben oder vorsichtig mit einer kleinen Schaufel freibuddeln.

Kartoffeln bilden oberirdisch bis zu einen Meter hohe Sträucher und auch die Knollen unter der Erde sind reich verzweigt. Die Pflanze benötigt einen sonnigen Platz mit mittelschwerem, tiefgründigem, nährstoffreichem und durchlässigem Boden. Selten werden Kartoffeln aus Samen gezüchtet; dann ist eine Vorkultur ab Februar mit Auspflanzung ab Ende Mai nötig. Meistens werden ab

Anfang Mai Kartoffeln in die Erde gesetzt, die dann Keime treiben. Drei Monate nach der Pflanzung ist Erntezeit.

F: Mitte April bis Mai

E: Mitte Juli bis Mitte Oktober

Mohrrüben oder auch Karotten genannt, wachsen an sonnigen Standorten in sandig-lehmigen, lockeren, steinfreien Böden. Sie benötigen lange zum Keimen – drei Wochen können es sein. Man unterscheidet die zarten, kaum lagerfähigen Frühkarotten, die ab März ausgesät und ca. 70 Tage später geerntet werden, und die Lagermöhren, welche Sie von Mitte Mai bis Juli aussäen und im Herbst ernten.

F: Ende Februar bis Juni

E: Juni bis November

Radieschen lieben sonnige und luftige Standorte mit leichtem bis mittelschwerem, humusreichem und feuchtem Boden. Die Aussaat erfolgt ab Ende März. Die Erntezeit variiert je nach Jahreszeit. Im Frühjahr und Herbst benötigen die Radieschen acht Wochen zum Wachsen, im Sommer nur drei bis vier. Für die Ernte bleiben Ihnen jeweils nur wenige Tage Zeit, ansonsten werden die Knollen pelzig.

F: April bis September

E: Mai bis Oktober

Steckrüben benötigen einen sonnigen bis halbschattigen Platz, wo sie Ende Mai bis Ende Juni ausgesät werden. Der Boden sollte am besten tiefgründig und humusreich sein, aber im Grunde sind sie anspruchslos. Spätestens Ende Oktober/Anfang November, vor dem ersten Frost, muss die Ernte erfolgen.

F: Ende Mai bis Juli

E: Ende Oktober bis spätestens Weihnachten

Zwiebeln mögen es vollsonnig und warm. Ihr Boden sollte locker, humusreich, feucht und leicht lehmig sein. Ab Ende März können sie aus Samen und ab Mai aus Steckzwiebeln gezogen werden. Die genauen Zeitpunkte für Aussaat und Ernte unterscheiden sich je nach Sorte – zu den Zwiebeln zählen unter anderem Gemüsezwiebeln, Lauchzwiebeln und Winterzwiebeln.

Gemüsezwiebel:

F: März bis April

E: September bis Oktober

Lauchzwiebel:

F: März bis August

E: ganzjährig

Kräuter

Sobald die Kräuter Blätter tragen, können Sie diese theoretisch ernten – damit schaden Sie aber dem Wachstum, also sollten Sie sich je nach Kraut mindestens sechs Wochen oder länger gedulden. Verwendet werden können auch welke und vertrocknete Blätter. Um Kräuter für die Lagerung haltbar zu machen, sollten Sie diese zuvor an einem warmen Ort in der prallen Sonne trocknen.

Bärlauch riecht ähnlich wie Knoblauch. Der intensive Geruch ist schon während der Wachstumsphase im Garten wahrnehmbar und zwar auch, während er in Ihrem Garten wächst. Bärlauch ist nicht nur berühmt für sein starkes Aroma, sondern auch für eine Wirkung als heilsames Kraut. Die Pflanze kann bis zu 50 cm hoch werden und bevorzugt halbschattige bis sonnige Plätze. Wärme schadet ihm nichts, solange er nicht in der prallen Sonne steht. Der Boden sollte gut durchlässig, feucht, nicht sauer, humus- und nährstoffreich sein. Statt der Aussaat ist das Anpflanzen jungen Bärlauchs zu empfehlen, da die Pflanze eine sehr lange Keimdauer besitzt.

P: ab Frühling, wenn kein Frost mehr zu erwarten ist

E: März bis Anfang Juni

Borretsch wird bis zu 60 Zentimeter hoch und kann von April bis Juni/Juli ausgesät werden. Er mag sonnige bis halbschattige, geschützte Standorte mit durchlässigem, eher feuchtem, nährstoffreichem Boden. Seine Blätter sind aromatische Salatzugaben für Sie. Es ist zu beachten, dass seine Blüten auf Bienen sehr anziehend wirken können.

F: April bis Juni

E: Mai bis Oktober

Dill erreicht eine Höhe von 60 bis 100 Zentimetern und lockt mit seinen Blüten Bienen und andere Insekten an. Nicht nur die Blätter, sondern auch die Samen sind essbar; sie sind etwas schärfer im Geschmack. Die Pflanze gedeiht an sonnigen bis halbschattigen, geschützten Plätzen, am besten zwischen Salat, Gurken und Kohl. Dill benötigt einen feuchten und mittelschweren Boden ohne Staunässe, der nicht unbedingt nährstoffreich sein muss.

F: Mai bis Juli

E: Juni bis Oktober

Echte Kamille ist eine Heilpflanze, die gern sonnig und warm in einem tiefgründigen und eher trockenen Boden steht. Weitere Ansprüche stellt sie nicht. Geerntet werden hier nicht die Blätter, sondern die Blüten, aus denen Sie in getrocknetem Zustand Tee zubereiten können.

F: März bis August

E: zwischen dem 3. und 5. Tag nach der Blüte im Sommer

Echter Kerbel benötigt einen halbschattigen Standort, der sich auf lockerem, humusreichem und leicht feuchtem Boden befindet. Da die Blätter mit der Blüte das Aroma verlieren, sollten sie vorher geerntet werden.

F: ab Ende März/Mai bis Juni/Ende August bis September

E: 6 bis 8 Wochen nach Aussaat

Majoran ist verwandt mit Oregano und möchte als südländische Pflanze an einem sonnigen, warmen und geschützten Standort wachsen. Der Boden sollte gut durchlässig, nährstoffreich, kalkhaltig und kiesig bis lehmig sein. Die Pflanze kann ein mehrjähriger Strauch werden, überlebt hierzulande den Winter meist jedoch nicht.

F: nach den Eisheiligen (Mai)

E: Juni bis August

Petersilie, ob kraus oder glatt, ist ein Dauerbrenner in der Küche. Die zweijährige Pflanze liebt sonnige bis halbschattige Plätze und tiefgründige, humusreiche, durchlässige Böden. Mit drei bis vier Wochen hat sie eine ziemlich lange Keimdauer. Bis die ersten Zweiglein geerntet werden können, dauert es mindestens zwei Monate.

F: März bis August

E: Mai bis Dezember

Schnittlauch ist ebenso beliebt wie Petersilie, hat aber zusätzlich essbare Blüten, die auch noch sehr hübsch aussehen und viele nützliche Insekten anlocken. Bezüglich des Standorts ist er sehr unkompliziert. Ein gut belichteter Platz ist ausreichend. Am liebsten sind ihm leicht feuchte, kalkhaltige, humus- und nährstoffreiche Böden.

F: März bis August

E: April bis November

5. Zu Gast: Schädlinge und Nützlinge

Nicht nur Pflanzen leben in Ihrem Garten, sondern auch allerhand Tiere können zu Besuch kommen. Einige davon sind nützlich, andere sehr schädlich. Des Weiteren kann es vorkommen, dass Ihre Pflanzen von Krankheiten befallen werden. In einem naturnahen Garten sollte sich nach einer gewissen Zeit das meiste selbst regulieren, aber hin und wieder ist es notwendig, einzugreifen.

Schädlinge und Krankheiten an Nutzpflanzen

Im Folgenden muss ich Ihnen leider einige Schädlinge und Krankheiten vorstellen, die Ihren Pflanzen das Leben schwer machen können. Lassen Sie sich davon aber bitte nicht entmutigen – im Kapitel „Gesunde Pflanzen ohne Chemie“ werden die Methoden zur Abhilfe vorgestellt.

Ameisen gelten eigentlich als Nützlinge, da sie den Boden bewirtschaften. Sie betrachten jedoch auch die Früchte als ihr Eigentum und – was das Schlimmste ist – sie züchten Blattläuse, um diese zu melken. Zu viele Ameisen sind somit eine Gefahr für Ihre Pflanzen, da sie diesen die Schädlinge herbeitragen und Nützlinge wie Marienkäfer töten.

Bakterien gibt es in großer Vielzahl. Einige wirken schädigend auf Pflanzen, indem sie durch ihre Gifte den Nährstofftransport hemmen. So welkt die Pflanze, verfärbt sich gelb oder braun oder wird faulig. Bakterien treten in erster Linie durch Verletzungen ein, zum Beispiel durch Spatenstiche an den Wurzeln oder Rückschnitt der Äste. Es gibt kein Mittel gegen Bakterien, daher gilt es, Verletzungen möglichst zu vermeiden oder gegebenenfalls gut zu versorgen und die Pflanzen zu stärken.

Baumkrebs ist eine Krankheit, bei der das Holz von Obstbäumen Wucherungen bildet und der Baum stark geschädigt wird. Es handelt sich jedoch nicht um Krebs, wie man ihn bei Menschen und Tieren kennt, d. h. nicht um Zellwucherungen. Baumkrebs entsteht als Folgeschaden von Bakterien- oder Pilzbefall. Die Wucherungen sind eine natürliche Reaktion des Baumes auf die verletzte Oberfläche des Stammes. Wird die Rinde verletzt, schließt der Baum die Wunde, indem er eine Narbe aus Rinde bildet. Da jedoch die Bakterien oder Pilzsporen in der Wunde verbleiben, schädigen sie ihn innerlich weiter. Es bilden sich im Inneren des Stammes also immer mehr Wunden, die er zu schließen versucht. So werden die betroffenen Stellen immer dicker. Das Problem ist, dass größere Wucherungen die Nährstoffzufuhr unterbrechen. Der Baum kann dann seine Krone nicht mehr ausreichend versorgen. Es hilft nur, die Wucherungen und mit ihnen die Bakterien bzw. Pilze herauszusägen und anschließend die Wunden mit speziellem Wundbalsam für Bäume zu bestreichen.

Blattflecken treten in unterschiedlichen Formen auf. Es handelt sich um eine Gruppe von Pilzerregern. Sie verursachen, wie der Name schon sagt, Flecken auf den Blättern. Diese sind in Form und Größe leicht unterschiedlich. In den meisten Fällen sind sie rund oder in mehreren Kreisen angeordnet, aber auch unregelmäßige Flecken sind möglich. Die Flecken sind bräunlich oder gelblich und sehen im Gegenlicht heller als der gesunde Rest des Blattes aus.

Blattläuse kennt wohl jeder – kleine grüne Parasiten, die an den Blättern und Blattstielen sitzen und den Pflanzensaft aussaugen. Je nach Größe und Stärke der Pflanze kann dies geringen bis immensen Schaden anrichten und im schlimmsten Fall die Pflanze zum Absterben bringen. Wenn Sie gelbe, grauweiße, braune oder schwarze Tierchen entdecken, denken Sie zunächst aber wahrscheinlich nicht an Blattläuse – doch in der Tat können diese ganz unterschiedlich aussehen. Es gibt diverse Unterarten, deren Größe meist von einem bis drei, selten auch bis zu sieben Millimetern reicht. Die am liebsten in Kolonien an der Blattunterseite sitzen, um sich zu verstecken. Ein verräterisches Anzeichen sind klebrige Spuren auf den Blattoberseiten der unteren Blätter sowie dem Boden. Dies sind die Ausscheidungen der Blattläuse. Auf diesem sogenannten Honigtau können sich wiederum Rußtaupilze ansiedeln. Verschiedene Blattlausarten bevorzugen unterschiedliche Pflanzen, aber fast jede Pflanzenart hat „ihre“ Blattläuse. Glücklicherweise lassen sie sich mit den gleichen Mitteln bekämpfen. Besonders müssen Sie auf die geflügelten Exemplare achten, denn diese machen sich mit dem Nachwuchs, den sie in sich tragen, auf den Weg zu anderen Pflanzen.

Blattwanzen fallen durch ihre flache, breite Form auf, die von oben betrachtet an einen Schild erinnert. Meist sind sie bunt gefärbt und werden normalerweise neun bis zwölf Millimeter groß. Je nach Art befallen sie unterschiedliche Pflanzen bevorzugt, besonders oft fressen sie an Obstbäumen und -sträuchern. Sie hinterlassen große, runde Löcher in den Blättern, sodass sie diese regelrecht zersieben können. Für ältere Pflanzen sind sie nicht lebensbedrohlich, für Jungpflanzen allerdings schon. Außerdem gefährden sie die Ernte, da sie durch die Giftstoffe, die sie beim Saugen und Fressen in die Pflanze abgeben, die Ausbildung und Öffnung von Blütenknospen behindern.

Blutläuse sind eine besondere Art von Blattläusen. Sie sind rotbraun gefärbt und ca. zwei Millimeter groß. Charakteristisch ist ihre weiße Wachswollschicht, die ihre Körper überzieht. Beim Zerquetschen fließt die namensgebende blutrote Flüssigkeit aus ihnen heraus. Die Larven sind noch nicht von dem Wachs bedeckt. Ab Mai beginnt meist die Bildung großer Kolonien, die sich bevorzugt an Apfelbäumen ausbreiten. Besonders an feuchten und windgeschützten Plätzen sollten Sie darauf achten, ob Sie Blutläuse entdecken. Sie müssen dabei nicht in erster Linie an den Blättern suchen, sondern an den Stämmen. Dort saugen sie bevorzugt den Pflanzensaft aus. In der Folge bildet sich eine Art Baumkrebs, der in diesem Fall Blutlauskrebs genannt wird. Den Befall können Sie ab Mai besonders gut erkennen, da die Bäume dann aussehen, als ob kleine Wattebäusche an ihnen kleben.

Dickmaulrüssler sind Käfer, die große Buchten entlang der Blätter fressen, als erwachsene Tiere in der Regel aber nicht lebensbedrohlich für Pflanzen sind. Ihre Eier legen sie in die Erde, denn die Larven ernähren sich von Wurzeln. Hierin besteht das große Problem – sie schädigen die Pflanze von unten so stark, dass sie komplett eingehen kann. Zudem können die Wurzeln durch die Fraßstellen mit Pilzen und Bakterien infiziert werden. Bei den Dickmaulrüsslern handelt es sich um eine ganze Gattung, deren häufigster und größter Vertreter der Gefurchte Dickmaulrüssler ist. Sie sind drei bis 14 Millimeter lang und meist schwarz oder braun gefärbt, teilweise mit kleinen, hellen Punkten. Der Rücken ist geriffelt oder gefurcht und meist haarlos. Dickmaulrüssler besitzen keine Flügel, aber sie können mehrere Kilometer weit krabbeln. Vor ihren langen Fressrüsseln ist kaum eine Pflanze sicher. Sie sind nachtaktiv, daher sollte man zum Absammeln am besten im Dunkeln mit einer Taschenlampe an die befallene Pflanze herantreten.

Drahtwürmer fressen die Wurzeln verschiedener Gemüse wie zum Beispiel Salat, Kartoffeln, Möhren oder Rote Bete. Es handelt sich um die Larven von Schnellkäfern. Sie sind schmal, ca. 2,5 Zentimeter lang, gelblich gefärbt und haben als Schutz einen ziemlich harten, steifen Panzer. Da sie die Wurzelhälse der Pflanzen durchbeißen, vertrocknen diese in kurzer Zeit. In Knollengemüse bohren sie sich zudem hinein, da sie Feuchtigkeit suchen.

Echter & Falscher Mehltau sind pilzartige Krankheiten, die sich durch weißlichen Belag der Blätter zeigen. Der Unterschied zwischen Echtem und Falschem Mehltau ist, dass ersterer sich auf der Blattoberseite befindet, während zweiterer die Blattunterseite befällt. Außerdem zeigt der Falsche Mehltau erst in fortgeschrittenem Stadium den weißen Belag, während er vorher an kleinen Flecken der Blätter zu erkennen ist. Diese Flecken sehen eigentlich hell aus, erscheinen jedoch dunkel, wenn man sie im Gegenlicht betrachtet. Beide Formen sind sehr gefährlich und führen bei Nichtbehandlung schnell zu einer starken Schwächung der Pflanze. Kleine und junge Pflanzen können leicht daran eingehen.

Erdbeerblütenstecher legen Eier in die Blütenknospen von Erdbeeren, Himbeeren und Brombeeren, doch das ist nicht das eigentlich Schlimme – nach der Eiablage nagen sie den Blütenstiel durch, sodass dieser abknickt. Die Larven ernähren sich dann von dem Inneren der Blütenknospen, bevor sie sich durch deren Wände fressen. Die mögliche

Ernte wird somit vernichtet, noch bevor die Pflanzen geblüht haben. Es handelt sich bei diesem Insekt um einen Rüsselkäfer, der dem Dickmaulrüssler stark ähnelt, nur dass er mit seinen 2,0 bis 3,5 Millimetern Länge deutlich kleiner ist. Auch für andere Pflanzen gibt es solche spezialisierten Rüsselkäfer, wie zum Beispiel den Apfelblütenstecher.

Erdbeer- und Brombeermilben verursachen gekräuselte, verkrüppelte Blätter, braune Verfärbungen sowie Wachstumsstörungen und lassen Blüten und Knospen verkümmern. Sie sind spezialisiert auf die betreffenden Pflanzen und mögen es am liebsten warm und trocken. Mit ihren 0,2 Millimetern Größe sind sie für das bloße Auge nicht erkennbar, erst die Schäden fallen auf. Die Pflanzen sollten daher vorbeugend behandelt werden.

Erdflöhe sind in gewissem Ausmaß nützlich, da sie sich von abgestorbenen Pflanzenteilen in der Erde ernähren und somit zur Humusproduktion beitragen. Vermehren sie sich jedoch stark und finden nicht genug abgestorbenes Material, fressen sie die lebendigen Wurzeln der Pflanzen, sodass diese geschwächt werden und sterben können. Auch in Blättern hinterlassen sie oft diverse Löcher. Für ältere Pflanzen sind sie nicht weiter bedrohlich, ganz anders jedoch bei Jungpflanzen. Diese können dann nicht mehr genug Photosynthese betreiben. Erdflöhe sind eigentlich keine Flöhe, sondern heißen nur so, weil sie springen. Es handelt sich um ca. zwei bis vier Millimeter große Käfer, die in verschiedener Färbung von Beige bis

Schwarz oder gestreift auftreten. Am wohlsten fühlen sie sich in warmem, trockenem Boden.

Gemüsefliegen gibt es speziell für verschiedene Gemüsesorten, so zum Beispiel Möhren-, Zwiebel- oder Kohlfliegen. Ihre wenige Millimeter großen, weißen Maden zerfressen die Stängel und Blätter der Pflanzen. Von außen ist der Befall nicht unbedingt erkennbar, man bemerkt nur, dass die Pflanze welkt. Spezielle Kulturschutznetze halten die Fliegen fern und verhindern somit die Eiablage. Diese Netze können im Fachhandel oder Internet erworben werden.

Gespinstmotten, oder vielmehr ihre Raupen, richten verheerende Schäden an Bäumen und Sträuchern an. Sie fressen alles kahl und überziehen die Pflanzen mit einem gespenstisch aussehenden silbrigen Netz. Es gibt verschiedene Arten, die jeweils auf eine bis zwei Pflanzenarten spezialisiert sind. Wenn ein Baum oder Strauch kahl ist, ziehen sie zum nächsten weiter und spinnen auf dem Weg sogar Zäune und Gartenmöbel ein, sofern diese aus Holz sind. Der Baum oder Strauch wird durch das Werk der Motten nicht unbedingt nachhaltig geschädigt, sofern er kräftig ist und eine gewisse Größe hat. Von einer Ernte brauchen Sie aber nicht zu träumen, wenn sich Gespinstmotten über Ihr Obstgehölz hergemacht haben. Und da die Plagegeister ihre Eier im Herbst in die Blattknospen der Pflanze ablegen, steht Ihnen ein weiteres gespenstisches Jahr bevor, wenn Sie das nicht verhindern.

Grauschimmel kann an allen Pflanzen entstehen, wenn sie geschwächtes oder abgestorbenes Gewebe haben. Die Pilzerkrankung ist häufig und zeigt sich, indem Blätter, Stängel, Blüten oder Früchte matschig werden und einen grauen, pelzigen Belag bekommen. Er bevorzugt feuchte Bedingungen und schwache Pflanzen, sodass durch mäßige Wässerung, dem richtigen Standort und ausreichend Nährstoffe vorgebeugt werden kann.

Kartoffelkäfer erkennt man leicht an ihrer auffälligen Färbung. Die von der Form her Marienkäfern ähnelnden Käfer sind auf den Flügeln längs in gelb und schwarz gestreift. Auch die Eier und Larven stechen ins Auge – die Eier leuchten rötlich-orange, die Larven in Rot mit etwas Schwarz. Nicht verwechselt werden dürfen die Larven mit denen des nützlichen Marienkäfers, die ebenfalls rotschwarz sind. Marienkäfer-Larven sind länglicher, haben einen zugespitzten Hinterleib und deutliche schwarze Partien im vorderen und hinteren Bereich sowie einen schwarzen Streifen auf dem Rücken. Kartoffelkäfer-Larven sind rundlich und haben einen etwas abgesetzten vorderen Teil; außerdem dominiert bei ihnen die rote Farbe deutlich. Auch die Eier sehen denen des Marienkäfers ähnlich – dieser legt ovale, gelblich-orangefarbene Eier. Auch wenn sie interessant anzusehen sind, sollte man Kartoffelkäfer schnell bekämpfen oder besser noch vorbeugen, denn sie vernichten in kürzester Zeit einen Großteil der oberirdischen Teile von Kartoffelpflanzen und gefährden damit die Ausbildung der Knollen. Auch andere Nachtschattengewächse wie Tomaten und Auberginen greifen sie an.

Kohlgallenrüssler haben sich auf Kohlgewächse und andere Kreuzblütler wie Radieschen oder Raps spezialisiert. Die zwei bis drei Millimeter langen, dunkelbraunen bis schwarzen Rüsselkäfer fressen tiefe Löcher in die Wurzelhälse der Pflanzen, um dort ihre Eier abzulegen. Die Larven ernähren sich von dem Gallgewebe, das sich um die Eier herum entwickelt. Zumeist nehmen die Pflanzen keinen großen Schaden, wenn der Befall nicht überhand nimmt. Sie sind nicht zu verwechseln mit dem Kohlhernie.

Kohlhernie kann alle Kohlgewächse sowie Radieschen, Rettich und auch andere Kreuzblütler wie Senf, Raps und Ölrettich befallen. Die Wurzeln der Pflanzen wuchern und verdicken sich, sodass nicht mehr genügend Wasser nach oben geleitet werden kann. Wenn Ihre Pflanzen die Blätter hängen lassen, obwohl sie ausreichend Wasser zur Verfügung haben, sollten Sie sich die Wurzeln anschauen. Schneiden Sie eine Wurzel auf – wenn sie nicht hohl ist, dann ist das ein nahezu sicheres Anzeichen für Kohlhernie. Der Grund liegt entweder in zu stark verdichtetem Boden, da dieser leicht Staunässe bildet, oder in einer Belastung des Bodens mit den Sporen durch vorherigen Anbau der genannten Gewächse. Die Pilzerkrankung kann vermieden werden, indem Sie nur alle vier bis sechs Jahre die betreffenden Pflanzen am gleichen

Standort anbauen, dem Boden Sand beimischen und ihn regelmäßig lockern.

Kraut- und Knollenfäule, auch Kraut- und Braunfäule genannt, ist eine Pilzerkrankung, die insbesondere Nachtschattengewächse wie Kartoffeln und Tomaten befällt. Zunächst zeigen sich braune Flecken auf den Blättern und möglicherweise auch auf den Stängeln. Im weiteren Verlauf bildet sich an den Blattunterseiten weiß-grauer Schimmelbelag. Die Blätter sterben ab und die ganze Pflanze verfault schlussendlich.

Das **Mosaik-Virus** zeigt sich durch gelbe Flecken, die mosaikartig aussehen, auf den Blättern und Früchten verschiedener Pflanzen. Besonders betroffen sind Gurken, Kürbisse, Melonen und Zucchini. Beim Anbau sollte auf resistente Pflanzen zurückgegriffen werden. Da das Virus durch Blattläuse übertragen wird, sorgen Sie möglichst dafür, dass diese Ihren Pflanzen fernbleiben.

Nematoden, auch Fadenwürmer oder Älchen genannt, gibt es sowohl als Schädlinge wie auch als Nützlinge. Davon existieren ca. 20.000 Arten dieser wenige Millimeter großen, wurmförmigen Tiere. Die weißen bis farblosen Würmer leben unter der Erde und ernähren sich von den Wurzeln und Knollen der Pflanze. Die Nützlinge leben von Algen, Pilzen, Bakterien, Aas und Fäkalien und Schadinsekten wie beispielsweise den Gartenlaubkäfer. Schädliche Nematoden fressen viele Obst- und Gemüsesorten wie zum Beispiel Gurken, Erdbeeren, Kartoffeln oder Tomaten. Die Pflanzen haben dann Wachstumsprobleme, Blätter sterben ab und durch mangelnde Nährstoffversorgung welkt die ganze Pflanze.

Rost ist eine Pilzart, die weniger gefährlich ist. Sie führt nicht zum Tod der Pflanze, aber schwächt sie dennoch, sodass sie anfälliger für andere Krankheiten wird. Es gibt unterschiedliche Arten von Rostpilzen, die jeweils spezielle Wirtspflanzen haben, wie zum Beispiel den Birnengitterrost oder den Getreiderost. Manche Arten befallen je nach Jahreszeit mehrere Pflanzen. Rost zeigt sich durch rote oder rotbraune, meist runde Verfärbungen an den Blättern. Die Infektionsstelle erkennt man an einem Punkt in der Mitte, um welchen sich der Fleck kranzartig ausbreitet. Wie alle Pilzerkrankungen verbreitet sich Rost durch Flug bzw. Wind.

Rußtaupilze siedeln sich auf den Honigtauausscheidungen von Schädlingen wie Blattläusen, Schildläusen, Weißen Fliegen und Wollläusen an. Sie befallen keine bestimmten Pflanzen, sondern im Grunde genommen den Honigtau. Die befallenen Pflanzen schädigen Sie trotzdem, denn sie können an den betroffenen Stellen kein Licht mehr für die Photosynthese aufnehmen. Rußtau ist ein schwarzer Belag, der sich abwischen lässt; darunter kommen dann helle Blattstellen zum Vorschein. Um ihn zu beseitigen, muss man die Schädlinge bekämpfen, die den Honigtau ausscheiden.

Schildläuse sind den Blattläusen ähnlich, jedoch tragen sie einen harten, flachen bis kuppelförmigen Panzer. Dieser besteht aus einer Art Wachs, das sie als Sekret absondern und hat eine braune oder grauweiße Farbe. Die Larven tragen diesen Schild noch nicht und können sich noch frei bewegen. Die erwachsenen Tiere sind einen bis sechs Millimeter groß und bleiben ihr Leben lang an derselben Stelle sitzen, die sie sich als Jungtier gesucht haben. Ihr Panzer macht sie unbeweglich. Manche Arten hinterlassen wie Blattläuse Honigtau, der jedoch nicht heruntertropft, sondern direkt auf den Blättern bleibt und sie klebrig überzieht.

Schmetterlingsraupen können ebenfalls beträchtliche Schäden an Pflanzen verursachen. So hübsch die zarten Geschöpfe ausgewachsen aussehen, ihre Nachkommen müssen sich von irgendetwas ernähren, und das sind bei einigen Arten leider Obst- und Gemüsepflanzen. Zu diesen zählen unter anderem der Kleine Frostspanner, der ganze Bäume kahlfressen kann, der Kohlweißling, der Apfelwickler, der Erbsenwickler, der Pflaumenwickler, die Lauchmotte und die Braune Kohleule. Befallene Pflanzen weisen deutliche Fraßspuren an den Blättern auf. Vorbeugend können Baumstämme gegen Spanner und Wickler ab Ende September mit Leimringen oder einem Lehm-Kuhmist-Anstrich versehen werden, der Anfang Dezember abgenommen und in den Restmüll entsorgt werden muss. Die Weibchen sind nämlich flugunfähig und müssen die Baumstämme hochkriechen, um ihre

Eier abzulegen. Bei Gemüsepflanzen können Sie hingegen ein Netz über das Beet legen, um Kohlweißling & Co. abzuhalten.

Schnecken gibt es in verschiedenen Arten mit und ohne Häuschen. Häuschenschnecken stellen keine Gefahr für Ihre Pflanzen dar und Weinbergschnecken (sehr große Schnecken mit weißlichgrauem Gehäuse) sind sogar nützlich. Sie fressen die Eier von Schädlingen und räumen den Garten auf, indem sie abgestorbene Pflanzenreste zu sich nehmen. Zum Problem werden können jedoch Nacktschnecken. Am gefräßigsten ist die Gemeine Wegschnecke, die eine Länge von zehn bis 15 Zentimetern erreicht und eine braune, schwarze oder rötliche Farbe hat. Alle Schnecken mögen es feucht und betätigen sich am liebsten nachts. Am Tag sehen Sie meist nur ihre Spuren – große Fraßlöcher in bodennahen Pflanzen sowie glänzende Schleimabsonderungen.

Schorfkrankheiten kommen an verschiedenen Pflanzen vor, zum Beispiel an Äpfeln, Birnen oder Kirschen. Es handelt sich um eine Pilzerkrankung, die sich bei feuchtwarmem Wetter ausbreitet. Es bilden sich schwarze Flecken auf den Blättern, die sich buckelig wölben, bis das Blatt vertrocknet und abfällt. Nicht zu verwechseln ist die Krankheit mit dem Kartoffelschorf; hierbei handelt es sich um eine Reaktion der Kartoffeln auf ein bestimmtes Bakterium. Die Pflanze wird dadurch jedoch nicht gefährdet und auch die Kartoffeln bleiben genießbar.

Spinnmilben sind winzig, sie messen maximal einen Millimeter. Dementsprechend schwer sind die gräulich- oder grünlich-weißen Tiere zu erkennen. Sichtbar sind als Erstes ihre Saugspuren, die sich durch kleine, helle Pünktchen auf den Blattoberseiten zeigen. Bei näherem Hinsehen erkennt man dann den Grund, woher die Spinnmilben ihren Namen haben – sie überdecken insbesondere die Blattachsen und manchmal auch die Blätter und Stängel mit sehr feinen Gespinsten. Die Tierchen kann man teilweise nur mit der Lupe erkennen. So klein sie sind, so groß ist der Schaden – die Blätter werden von ihnen komplett leergesaugt, sodass sie vertrocknen und abfallen. Die Pflanze kann dadurch sehr schnell absterben. Eine spezielle Art ist die Obstbaumspinnmilbe, auch Rote Spinne genannt. Sie bildet kaum Netze und ist daher mit ihrer Größe von maximal 0,6 Millimetern noch schwerer zu erkennen als andere Spinnmilbenarten. Nur ihre oft rote Färbung fällt auf, je nach Jahreszeit kann sie aber auch hellgrün oder orange gefärbt sein. Der achtbeinige Winzling liebt es wie alle Spinnmilben warm und trocken, sodass durch regelmäßiges Besprühen mit Wasser schon einige Abhilfe geschafft werden kann. Sie befällt insbesondere Apfelbäume, Birnbäume, Weinreben, Stachelbeeren, Pflaumen und Johannisbeeren.

Thripsen kennt man im Volksmund als Gewittertierchen. Sie sind bis zu zwei Millimeter lang und sehr schmal. Die erwachsenen Tiere sind dunkelbraun oder schwarz, die Larven blassgrün. Im ausgewachsenen Zustand haben sie feine Flügel, die man nur erkennt, wenn sie sich bewegen. Da sie somit fliegen können, können sie sich ungehindert ausbreiten. Thripsen ist es egal, ob sie auf der Blattober- oder Unterseite sitzen, auch zu Blattstielen sagen sie nicht nein. Die ausgesogenen Stellen werden je nach Pflanze blass, gelb oder braun und sterben bei andauerndem Befall ab. Ist die Pflanze stark betroffen, stellt sie das Wachstum ein.

Weiße Fliegen sind ebenfalls eine schlimme Plage, da sie sich schnell auf mehrere Pflanzen verteilen. Es handelt sich um eine Art sehr kleiner Fliege mit weißen Flügeln. Das ca. zwei Millimeter lange, schmale Insekt nimmt man wahr, wenn es durch Bewegung der Blätter auffliegt. Ansonsten kann man es auch für einen weißen Fussel halten. Schlimmer als die erwachsenen Tiere sind die Larven, die auf den ersten Blick Schildläusen ähneln. Der ovale, platte Nachwuchs sitzt an den Blattunterseiten und saugt, was das Zeug hält. Die Blätter bekommen Flecken und werden gelb. Die zuckerhaltigen Ausscheidungen tropfen auf die unteren Blätter.

Wollläuse sind eine Unterart der Schildläuse, die in erster Linie an sehr geschützt stehenden Pflanzen wie zum Beispiel im Gewächshaus oder auf dem Balkon ihr Unwesen treiben. Im Gegensatz zu ihren Verwandten tragen sie jedoch keinen Panzer. Sie werden bis zu vier Millimeter groß und sind grauweiß oder rötlich gefärbt. Bevorzugt sitzen sie an Blattachsen oder anderen schwer erreichbaren

Stellen. Man erkennt den Befall an kleinen weißen Wollknäueln – dies sind Wachsabsonderungen der Läuse. Hierunter leben sie und verbergen ihre Eier. Wollläuse saugen allerdings auch an den Wurzeln. Ein Zeichen dafür, dass Wollläuse sich an Ihren Pflanzen zu schaffen machen, sind gelb verfärbte Blätter, die sich einrollen und abfallen.

Wühlmäuse sind nun zu guter Letzt etwas größere Schädlinge. Es handelt sich um keine „richtigen" Mäuse wie zum Beispiel die nützliche Spitzmaus. Sie haben einen kurzen Schwanz, kleine Ohren, einen runden Kopf und einen plump gebauten Körper. Unter der Erde fressen sie Wurzeln, am liebsten Knollen- und Wurzelgemüse, und oberhalb der Erde nagen sie an Baumrinde. Sie graben Gänge unter der Erde, an deren Öffnungen kleine Erdhaufen liegen – nicht zu verwechseln mit Maulwurfshaufen. Wühlmaushügel sind in der Regel kleiner, ihr Eingang liegt seitlich und es befinden sich Pflanzenteile darin. Man kann die Mäuse vertreiben, indem man Knoblauch oder Nussbaumblätter in die Gänge legt. Stämme von Bäumen und Sträuchern können durch Reisigschutz geschützt werden.

Gesunde Pflanzen ohne Chemie

Im herkömmlichen Gartenbau greift man bei der Abwehr von Schädlingen und Krankheiten schnell zur chemischen Keule, ohne zu bedenken, dass die

Chemie auch den Nützlingen schadet. Pestizide werden von der Pflanze aufgenommen und gelangen somit auch in den menschlichen Körper, wenn man das Gewächs isst. Im ökologisch-biologischen Anbau gibt es jedoch Lösungen, die wirklich nur den Schädlingen und Krankheiten schaden bzw. sie abwehren.

Durch den richtigen Standort und nährstoffreiche Erde setzen Sie bereits gute Voraussetzungen, um Ihre Pflanzen zu schützen. Je besser es der Pflanze geht, desto schlechtere Chancen haben die unerwünschten Besucher. Da diese aber oft hartnäckig und skrupellos sind, machen sie sich bestimmt das eine oder andere Mal trotzdem an Ihren Pflanzen zu schaffen. Deshalb erfahren Sie in den folgenden Abschnitten, was Sie dagegen tun können.

Gemeinsam sind wir stark – Pflanzen, die sich gegenseitig schützen

Allein schon durch die richtige Bepflanzung können Sie Ihr Beet vor Schädlingen und Krankheiten schützen und zudem noch den Ertrag vergrößern.

Insbesondere bei Gemüsebeeten treten oft Schwierigkeiten auf, da viele Menschen den Fehler machen, im selben Beet immer dasselbe Gemüse und/oder nur eine Art anzubauen. Verschiedene Pflanzen benötigen verschiedene Mengen bestimmter Nährstoffe und geben durch ihre Überreste unterschiedliche Mengen an Nährstoffen in den Boden ab. Wenn Sie ein Beet einseitig bepflanzen, werden bestimmte Nährstoffe mehr verbraucht, sodass diese Gemüseart nach einigen Jahren nicht mehr genügend Nahrung im Boden findet. Zudem bevorzugen bestimmte Schädlinge bestimmte Pflanzen und überwintern in der Erde oder an Überresten der Pflanzen, sodass sie im nächsten Jahr die neue Anzucht befallen.

Halten Sie daher die **Fruchtfolge** ein: ein Jahr Blattgemüse, dann ein Jahr Frucht- und Samengemüse, anschließend ein Jahr Wurzelgemüse; dann kann es wieder von vorne beginnen. Außerdem sollten Sie auf ausreichend **Abstand** zwischen den Pflanzen achten. Ein größerer Zwischenraum bedeutet, dass das Beet für Sie und die Nützlinge überschaubarer ist und Fäulniskrankheiten weniger Chancen haben. Durch **Mischkultur**, also das Bepflanzen mit mehreren Gemüse- und Kräuterarten, können Sie zudem mehr aus Ihrem Beet herausholen und dafür sorgen, dass Nährstoffe gleichmäßig verbraucht und produziert werden. Bestimmte Pflanzen können sich sogar gegenseitig vor Schädlingen und Krankheiten schützen, andere vertragen sich hingegen nicht.

Gute Freunde sind:

- Möhren und Zwiebeln: Gegenseitig vertreiben sie Möhren- und Zwiebelfliegen.
- Sellerie und Blumenkohl: Durch diese Kombi werden Sellerierost und ein Befall mit Kohlweißlingsraupen verhindert.
- Salat und Radieschen oder Rettich: Davon fühlen sich Erdflöhe abgeschreckt.

- Lauch und Zwiebeln oder Sellerie: Ein wirksames Team gegen Schimmelpilz.
- Bohnen und Bohnenkraut: Sie schützen sich gegen verschiedene Läuse.
- Gurken und Basilikum: Der Duft des Basilikums hält Mehltau fern und lockt Bienen an.
- Kohlrabi und Borretsch: Zusammen sind sie für Schnecken uninteressant.
- Tomaten und Petersilie: Das mag kein Schädling gern.
- Erdbeeren und Zwiebeln oder Knoblauch: Eine Abschreckung für Wühlmäuse, Schnecken und Schimmel.
- Johannisbeeren und Wermut: So bleibt Säulenrost fern.
- Obstbäume und Gartenkresse, Kapuzinerkresse oder Tagetes: Besonders Läuse, aber auch andere Schädlinge mögen so eine Verbindung nicht.

Keine guten Gefährten sind:

- Salat und Petersilie oder Sellerie;
- Lauch und Bohnen oder Erbsen;
- Bohnen und Zwiebeln oder Rote Bete;
- Gurken und Kartoffeln, Tomaten, Radieschen oder Rettich;
- Tomaten und Erbsen oder Fenchel.

Sie locken dem anderen zwar keine Schädlinge herbei, aber sie schwächen sich und machen sich somit anfälliger.

Außerdem gibt es eine Gruppe von Helfern, die allen Pflanzen zur Seite steht, und zwar die **Gewürzkräuter**. Schädlinge mögen grundsätzlich keine starken Düfte und ätherische Öle wirken selbst auf Schimmel, Rost und Mehltau abschreckend. Pflanzen Sie also zum Beispiel Lavendel, Salbei, Thymian, Beifuß, Oregano, Basilikum, Nelken, Ringelblumen, Senf, Kapuzinerkresse, Weinraute oder Tagetes zwischen Ihre Gemüse- und Obstpflanzen, dann brauchen Sie sich deutlich weniger Sorgen um Schädlinge und Krankheiten zu machen.

Darüber hinaus gibt es Pflanzen, die von bestimmten Schädlingen und Krankheiten grundsätzlich nicht gemocht werden, sodass sie für alle Pflanzen **schützende „Nachbarn"** sind:

- Ameisen werden durch Lavendel, Rosen, Feldsalat, Rainfarn und Brennnesseln abgehalten.
- Blattläuse fühlen sich von Brennnesseln, Farnkraut, Kapuzinerkresse, Bauerngeranien, Knoblauch und Tagetes abgeschreckt.
- Blutläuse mögen keinen Lavendel, kein Bohnenkraut und keine Kapuzinerkresse.
- Braune Kohleulen werden durch Dill, Beifuß, Pfefferminze, Hanf, Salbei, Rosmarin, Thymian und Tomaten vertrieben.

- Mehltau hält sich aus der Nähe von Knoblauch und Schnittlauch fern.
- Erdflöhe haben eine Abneigung gegen Wermut, Kerbel und Pfefferminze.
- Schnecken mögen sich nicht in der Nähe von Rainfarn, Kapuzinerkresse, Salbei, Senf, Thymian, Tomaten, Ysop und Knoblauch aufhalten.
- Gespinstmotten fühlen sich bei Dill, Astern, Kerbel, Fenchel, Kümmel, Liebstöckel, Margeriten, Löwenzahn, Schafgarbe, Petersilie und Sonnenaugen nicht wohl.
- Kartoffelkäfer mögen keinen Meerrettich und keine Taubnesseln.
- Möhrenfliegen werden durch Zwiebeln, Lauch, Kamille, Pfeffer, Salbei, Rosmarin und Wermut abgehalten.
- Nematoden werden durch Luzerne, Studentenblumen, Ringelblumen, Mais und Zuckerhutsalat abgeschreckt.
- Rost fühlt sich in der Nähe von Wermut nicht wohl.
- Weiße Fliegen mögen keine Rosenpelargonien.
- Zwiebelfliegen fühlen sich bei Knoblauch, Salbei und Möhren unwohl.

Mechanische und biologische Abwehr von Schädlingen

Viele Schädlinge ernähren sich „nur" von den Pflanzenteilen oberhalb der Erde. Das ist Glück im

Unglück, denn da sehen Sie sie wenigstens und können relativ einfach einschreiten. Große Schädlinge wie Käfer, Blattwanzen oder Raupen kann man von kleineren Pflanzen gut mit der Hand absammeln. Schwierig wird es bei Bäumen und ausladenden Sträuchern, denn da haben Sie nicht genug Überblick und erreichen nicht alle Blätter und Zweige. Problematisch ist das Absammeln auch bei stacheligen Pflanzen wie Himbeeren oder Brombeeren, es ist allenfalls mit dicken Handschuhen zu empfehlen.

Es gibt jedoch Hilfe, die sich an den Stacheln nicht stört und auch hoch in den Bäumen im Einsatz ist – Ihre Gartenvögel. In einem natürlichen Garten fühlen sich Vögel wohl und sie merken von selbst, wenn es reichlich Futter gibt. Auch kleinere Schädlinge wie Blattläuse werden von Vögeln verspeist, allerdings nicht bevorzugt, da es lange dauert, bis ein Vogel von ihnen satt wird. Eine Ausnahme besteht zur Fütterungszeit der Jungvögel, diese werden von ihren Eltern gern mit vielen kleinen Tierchen versorgt.

Das Absammeln oder besser Abwischen (und Zerquetschen!) von Läusen & Co. ist zwar möglich, aber ebenfalls mühselig und insbesondere bei größeren Pflanzen meist nicht erfolgreich. Sitzen die Biester an Baumstämmen, müssen Sie diese mit einer Bürste abbürsten; achten Sie aber darauf, die Rinde nicht zu verletzen. Wenn Sie eine schwangere Laus nicht erwischen, dann haben Sie am nächsten Tag gleich hundert neue. Blattläuse sind jedoch die Leib- und Magenspeise für Marienkäfer-Larven. Wenn Sie gerade keine im Garten haben, können Sie sich diese ganz einfach im Internet bestellen.

Gegen diverse andere Blattfresser gibt es in der Natur eine ganze Armee von Fressfeinden – neben Marienkäfern haben Wespen (insbesondere Schlupfwespen), Ohrenkneifer, Schwebfliegen(-larven), Florfliegen(-larven), Spinnen, Raubwanzen und Raubmilben großen Hunger auf die kleinen Plagegeister (Genaueres zu den einzelnen Fressvorlieben im Kapitel „Freunde und Helfer").

Bei Schädlingen, die sich am Boden oder in der Erde an Ihren Pflanzen zu schaffen machen, ist das mechanische Eingreifen nicht so leicht. Zum einen entdecken Sie die Tiere nur, wenn Sie sie suchen, und zum anderen können Sie ja nicht die ganze Erde aufbuddeln und nach Käfern & Co. suchen. Wenn Sie merken, dass es Ihren Pflanzen, ohne ersichtlichen Grund, nicht gut geht, sollten Sie einen Blick auf den Boden werfen und auch ein wenig in der Erde graben. Größere Schädlinge, die Sie in der oberen Erdschicht finden, können Sie absammeln und ihre Gelege zerdrücken; bei kleineren können Sie die obere Erdschicht abtragen und durch frische Erde ersetzen (abgetragenes Material fest in einen Müllbeutel verpacken und in den Restmüll entsorgen!).

Bei Topfpflanzen ist der Austausch der gesamten Erde Pflicht, zudem müssen Sie die Wurzeln gut abspülen – am besten lassen Sie den Wurzelballen für eine Stunde in einem Eimer mit Wasser, dem Sie einen Spritzer Spülmittel hinzugefügt haben. Dann sollten alle Schädlinge ertrunken sein. Im Gartenboden haben Sie diese Option nicht. Durch das Entfernen der oberen Erdschicht bzw. Absammeln einzelner Schädlinge können Sie den Befall zwar reduzieren, aber nicht vernichten.

Zu den natürlichen Feinden der Schädlinge gehören unter anderem Ohrwürmer, Raubwanzen, Raubmilben und Jagdspinnen. Wenn die Parasiten an die Oberfläche kommen zum Luft holen, lauert immer die Gefahr, von diesen gefressen zu werden. Große Unterstützung kommt außerdem von Igeln, Laufkäfern, Kröten und Vögeln, die insbesondere nach Würmern, Schnecken und Käfern suchen. Der eigentlich wegen seiner Gänge und Haufen von Gartenbesitzern nicht gern gesehene Maulwurf arbeitet sogar unter der Erde, um Ihre Pflanzen von Würmern und Käfern zu befreien. Viele dieser Helfer siedeln sich von selbst an, besonders wenn Sie ihnen ein gutes Zuhause bieten (siehe Kapitel „Nützlinge anlocken"). Wenn Sie Ihren „Garten" auf dem Balkon haben, fällt diese Möglichkeit größtenteils weg.

Sprühen und Gießen – biologische Pflanzenschutzmittel

Oft ist der Befall zu stark oder die Hilfe nicht schnell genug, sodass Sie zu anderen Mitteln greifen müssen. Bei Krankheiten ist Ihr Einschreiten mit der Sprühflasche oder Gießkanne ohnehin der einzige Weg – stark befallene Pflanzenteile müssen zudem entfernt und in den Restmüll entsorgt oder verbrannt werden.

Im Folgenden stelle ich Ihnen einige Hausmittel vor, mit denen Sie Schädlinge und Krankheiten wirksam bekämpfen können. Manchmal reicht schon eine einmalige Anwendung, bei hartnäckigerem Befall müssen Sie die Behandlung mehrfach im Abstand von einer Woche wiederholen.

Milch: Einfacher geht es kaum – mischen Sie Vollmilch (keine Magermilch oder H-Milch) und Wasser im Verhältnis 1:8 in einer Sprühflasche. Einmal kurz durchschütteln, dann können Sie lossprühen. Milch hilft gegen Mehltau und andere Pilzarten, denn sie enthält Mikroorganismen, die den Pilz unschädlich machen. Außerdem wirkt sie gegen Blattläuse, Wollläuse, Blutläuse und Weiße Fliegen, indem sie deren Fresszangen verklebt. Durch die Mineralstoffe und das Eiweiß in der Milch wird zudem die Pflanze gestärkt – ein wenig Milch in die Erde zu gießen, ist ein natürlicher Dünger. Verwenden Sie gegen Mehltau am besten Rohmilch, damit die Mikroorganismen aus der Milch noch „fit" sind. Es gibt sie im Bioladen oder an der Milchtankstelle. Milch hilft auch gegen den Mosaik-Virus, zumindest bei Jungpflanzen. Sie muss dann aber unverdünnt gesprüht werden.

Pflanzenbrühe: Vielseitig einsetzbar ist außerdem Pflanzensud. Dabei handelt es sich um eine

Brühe aus Wildkräutern, die gegen verschiedene Schädlinge und Krankheiten helfen:

- Ackerschachtelhalm wirkt gegen Mehltau, Schorf, Blattflecken, diversen Pilzbefall und Spinnmilben.
- Schachtelhalm hilft bei Lauchmotten, Roten Spinnen, Spinnmilben und Kohlhernie.
- Farnkraut bekämpft Blattläuse und hält Schnecken fern. Es wirkt außerdem gegen Kaliummangel.
- Brennnesseln helfen gegen Blattläuse, Weiße Fliegen, Spinnmilben, Ameisen, Erdflöhe, Kartoffelkäfer, Kohlfliegen, Rote Spinnen, Kraut- und Knollenfäule sowie den Mosaik-Virus. Zudem stärken sie die Pflanze.
- Holunderblätter sind wirksam gegen den Kohlweißling und Möhrenfliegen.
- Rainfarn bekämpft Mehltau, Blattflecken, Apfelwickler, Ameisen, Rote Spinnen, Brombeer- und Erdbeermilben, Erbsenwickler, Erdbeerblütenstecher, Zwiebelfliegen, Erdflöhe, Lauchmotten, den Mosaik-Virus und Rost.
- Wermut hilft gegen Apfelwickler, Blattläuse, Erbsenwickler, Zwiebelfliegen, Erdflöhe, Rote Spinnen, Rost und den Mosaik-Virus.
- Zwiebelschalen werden gegen Blattflecken, Blattläuse, Kartoffelschorf und Möhrenfliegen eingesetzt.

- Adlerfarn wirkt gegen Blattläuse, Blutläuse und Schildläuse.

Eine Brühe stellen Sie her, indem Sie zehn Gramm der jeweiligen Pflanzen frisch oder getrocknet in ein Gefäß legen und dieses mit einem Liter Wasser auffüllen. Das Ganze lassen Sie einen Tag stehen. Falls Sie Ackerschachtelhalm verwenden, müssen Sie diesen zusätzlich 30 Minuten köcheln lassen.

Wenn Sie die Brühe anwenden, verdünnen Sie sie im Verhältnis 1:10 mit Wasser. Sie können sie je nach Art des Befalls auf die Blätter, Stiele und Zweige sprühen oder in die Erde gießen. Beim Besprühen achten Sie darauf, wirklich die ganze Pflanze einzusprühen, ansonsten versteckt sich der eine oder andere Schädling sicher irgendwo. Außerdem führen Sie die Behandlung am besten an einem trockenen Tag durch, um zu vermeiden, dass die Brühe direkt vom Regen wieder abgewaschen wird. Insbesondere mit Brennnesselbrühe sollten Sie die Pflanzen nicht in der Sonne besprühen, da die Blätter sonst verbrennen können.

Waschnüsse: Dass man Seifenlösung gegen eine Vielzahl von Schädlingen einsetzen kann, ist den meisten Pflanzenbesitzern bekannt, – aber wussten Sie auch, dass Sie diese ganz natürlich herstellen können? Waschnüsse enthalten in ihren Schalen Saponin, welches wie eine Waschlauge wirkt, jedoch komplett natürlich, ungiftig und sogar geruchlos ist. Das Konzentrat können Sie fertig kaufen oder Sie stellen es aus Waschnüssen günstig selbst her. Diese erhalten Sie meistens in Drogeriemärkten und in Bioläden. Legen Sie zehn Waschnüsse in einen Kochtopf, den Sie mit einem Liter Wasser füllen, und kochen sie die Waschnüsse aus. Dabei entweicht die Waschsubstanz in das Wasser. Lassen Sie den so entstandenen Sud abkühlen. Füllen Sie ihn in eine Sprühflasche und sprühen die befallenen Pflanzen gründlich damit ein.

Neemöl: Das Öl des asiatischen Neembaums gilt als wahre Allzweckwaffe und kann im Pflanzenhandel oder online erworben werden. Es enthält über 20 Inhaltsstoffe, welche die Pflanzen schützen und Schädlinge sowie Krankheiten bekämpfen. Der Hauptwirkstoff ist Azadirachtin; dieser bewirkt, dass Schadinsekten das Fressen einstellen. Die anderen Wirkstoffe hemmen die Vermehrung von Schädlingen und Krankheiten. Zudem wirkt Neemöl (auch Niemöl genannt) stärkend auf die Pflanze.

Es kann sowohl gesprüht als auch dem Gießwasser hinzugefügt werden und wirkt gegen saugende und fressende Insekten ober- und unterhalb der Erde ebenso wie gegen Mehltau, Pilzbefall und andere Krankheiten. Sind die Blätter befallen, müssen Sie das Neemöl nicht notwendigerweise sprühen, sondern können die Pflanze auch damit gießen. Es wird dann von ihr aufgenommen und wirkt von innen heraus. Mit dem Sprühen geht es allerdings etwas schneller.

Ein wenig Geduld brauchen Sie aber in jedem Fall, da die Tiere nicht abgetötet werden, sondern lediglich nicht mehr fressen und sich nicht weiter vermehren. Das hat zur logischen Folge, dass sie nach wenigen Tagen absterben. Mitunter kann es sein, dass die Schädlinge versuchen abzuwandern. Deshalb sollten Sie auch die Pflanzen in der Umgebung der befallenen Pflanze vorbeugend behandeln.

Gleich ob Sie gießen oder sprühen, sollten Sie darauf achten, das Öl nicht zu hoch zu dosieren, da es stark ist und eine gewisse Schärfe besitzt. Ein Tropfen aufgelöst in einem Liter Wasser genügt meistens. Vermeiden Sie das Einsprühen im direkten Sonnenlicht, denn dies könnte zu Verbrennungen an den Blättern führen. Sie können Neemöl auch von Zeit zu Zeit vorbeugend oder einfach zur Stärkung einsetzen. Etwaig vorhandene Larven können sich dann nicht weiterentwickeln und die Pflanze wird uninteressant für die ausgewachsenen Tiere.

Algenkalk: Dieses Mittel wird aus Algen von der französischen Atlantikküste hergestellt und kann im guten Pflanzenhandel oder online gekauft werden. Es wird auf befallene Blätter gestäubt, nachdem diese befeuchtet wurden, oder auf den Boden um die Pflanze herum gestreut. So wirkt es gegen Ameisen, Blattflecken, Blattläuse, Mehltau, Erbsenwickler, Schnecken, Kartoffelkäfer, Kohlfliegen, Kraut- und Knollenfäule, Lauchmotten und Zwiebelfliegen.

Gesteinsmehl: Das aus verschiedenen Gesteinen gewonnene Mehl, das es ebenfalls fertig zu kaufen gibt, wird auf die gleiche Art wie Algenkalk gehandhabt. Es zeigt Wirkung gegen Blattläuse, Blutläuse, Kartoffelkäfer, Kohlfliegen, Kraut- und Knollenfäule, diverse Pilze, Rote Spinnen, Schnecken und Zwiebelfliegen.

Holzasche: Die Asche von verbranntem Holz hilft auf feuchte Blätter gestreut gegen Kohlfliegen, Blattläuse und Blutläuse. Wird die Holzasche auf die Erde gestreut, wirkt sie gegen Erdflöhe, Schnecken und Ameisen. Auch abgebrannte Streichhölzer in die Erde zu stecken, ist ein bekanntes Mittel.

Freunde und Helfer

In der Natur regelt sich alles von selbst – Schädlinge sind Futter für andere Tiere. Normalerweise kommt Ungeziefer in keiner so großen Anzahl vor, dass die Pflanzen stark geschädigt werden. In der Zivilisation herrscht hingegen der Mensch, weshalb das Ökosystem aus dem Gleichgewicht ist. Daher haben viele Gartenbesitzer mit Schädlingsplagen zu kämpfen, denen sie im wahrsten Sinne des Wortes hilflos gegenüberstehen. Durch eine naturnahe Gartengestaltung und -bewirtschaftung, wie es bei Permakultur das Ziel ist, erschaffen und erhalten Sie einen Lebensraum für viele nützliche Tiere, die Ihnen bei der Schädlingsbekämpfung und Bodenbewirtschaftung zu Hilfe kommen. Davon haben nicht nur Sie einen Vorteil, sondern auch die Natur, denn viele der Nützlinge sind stark gefährdet oder vom Aussterben bedroht.

Fledermäuse halten in der Dämmerung Ihren Garten frei von fliegenden Insekten, insbesondere von gefräßigen Nachtfaltern und Motten. Fast alle Arten sind vom Aussterben bedroht, aber in ländlichen Gebieten und ruhigen Wohngegenden sieht man sie noch relativ häufig.

Frösche, Kröten und Lurche gehören ebenfalls zu den stark gefährdeten Helfern. Auf ihrem Speiseplan stehen Schnecken, Würmer und alle Insekten, die sie mit ihren langen Zungen schnappen können.

Igel haben großen Hunger auf Schnecken, Käferlarven und Raupen. Die stacheligen Kerlchen fressen allerdings auch Spinnen, Frösche und Eidechsen, sofern diese denn vorhanden sind. Dabei muss der Igel wegen seines langsamen Tempos allerdings auf den Überraschungsmoment hoffen, sodass für die nützlichen Tiere nur wenig Gefahr von ihm ausgeht. Er selbst wird durch Lungenwürmer gefährdet, die durch Schnecken übertragen werden. Besser für seinen Speiseplan sind also Käferlarven und Raupen.

Spitzmäuse fressen allerhand Krabbel- und Kriechtiere, die sich auf dem Boden befinden, wie zum Beispiel Würmer, Käfer und ihre Larven, Schnecken und Asseln.

Maulwürfe leisten wertvolle Unterstützung, wenn Sie Wühlmäuse, Schnecken, Käferlarven, Würmer, Raupen oder Bodenkäfer haben. Zudem lockern sie durch das Graben unter der Erde den Boden auf. Wenn Sie die Anwesenheit eines Maulwurfs aufgrund seiner Hügel nicht mehr wünschen, können Sie ihn vertreiben, indem Sie stark riechende Kräuterbündel in seine Gänge legen oder leere Flaschen schräg in den Boden eingraben. Bei Wind wird dadurch ein unangenehmer Ton erzeugt, der den Maulwurf vertreiben soll.

Vögel fressen zwar auch gern an Ihrem Obst und holen sich das eine oder andere Körnchen Saatgut aus dem Boden, aber in erster Linie sind sie Ihre zuverlässigsten und am besten aufgestellten Partner in der Schädlingsbekämpfung. Kleinere Arten wie Meisen, Spatzen, Zaunkönige oder Amseln fressen Würmer, Raupen und Larven, sammeln aber auch fleißig Blattläuse von Ihren Pflanzen. Spechte picken unermüdlich alles ab, was auf und unter der Rinde von Bäumen sitzt, aber holen sich auch Krabbeltiere vom Boden. Raubvögel wie Bussarde machen Jagd auf Wühlmäuse.

Marienkäfer und insbesondere ihre Larven ernähren sich von Blattläusen aller Art. Eine Marienkäferlarve vertilgt in wenigen Tagen hundert Blattläuse.

Florfliegen befreien Ihre Pflanzen von Schildläusen, Spinnmilben, Roten Spinnen, Thripsen, Blattläusen und Blutläusen. Auch hier sind die Larven die größten Vertilger.

Schwebfliegen und ihre Larven fressen ebenfalls allerhand kleine Schädlinge wie zum Beispiel Blattläuse, Gemüsefliegen, Weiße Fliegen und Thripsen, aber auch Raupen wie beispielsweise die der Gespinstmotte oder des Pflaumenwicklers. Die nützlichen Tiere sehen auf den ersten Blick wie kleine Wespen aus, haben jedoch einen sehr flachen Hinterleib und können nicht stechen. Das Auffälligste an ihnen ist, dass sie durch ihren speziellen Flügelschlag in der Luft stehen können.

Schlupfwespen sind ganz besondere, hilfreiche Wesen. Es gibt Tausende Arten von diesen meist sehr schlanken Wespen, die den „normalen" Wespen kaum ähnlich sehen. Einige sind so klein, dass sie mit dem bloßen Auge kaum erkennbar sind. Sie legen ihre Eier in die Eier oder Larven anderer Insekten, teils auch in erwachsene Tiere. Die Schlupfwespenlarven ernähren sich dann von dem Inhalt der toten Wirte und schlüpfen anschließend dort aus (daher der Name). Jede Schlupfwespenart hat unterschiedliche Vorlieben – zum Beispiel Blattläuse, Apfelwickler, Pflaumenwickler, Weiße Fliegen, Schildläuse, Gespinstmotten oder Braune Kohleulen.

Wespen sind im Naturgarten keineswegs unerwünscht. Sogar die großen, aufdringlichen „Kuchenwespen" tun ein gutes Werk, da sie diverse Schadinsekten fressen. Es gibt etliche Arten, die den meisten Menschen gar nicht bekannt sind. Hierzu zählen insbesondere die verschiedenen Solitärwespen. Sie bauen keine großen Nester, sondern leben allein in Mauerritzen oder ähnlichen Verstecken und bedienen sich an kleinen Schädlingen.

Ohrwürmer, auch Ohrenkneifer genannt, sind wegen ihrer zwei Zangen bei vielen Menschen gefürchtet. Diese Zangen dienen ihnen zur Verteidigung gegen Feinde, können aber bei Menschen keinen Schaden anrichten. Die gefährlich aussehenden Tierchen erjagen zum Beispiel Blattläuse und vertilgen die Eier von Motten und Faltern. Sogar Pilzgeflechte vernichten sie.

Raubwanzen machen Jagd auf Blattläuse, Spinnmilben, Rote Spinnen, Schildläuse und Thripsen.

Raubmilben, die nur aufgrund ihrer etwas größeren Körper von Schadmilben zu unterscheiden sind, fressen unter anderem Spinnmilben, aber auch Schildläuse und Thripsen.

Laufkäfer erlegen am Boden Drahtwürmer, Erdflöhe, Kartoffelkäfer und Schnecken. Auf bodennahen Pflanzen machen sie auch Jagd auf Blattläuse.

Nematoden (die guten) werden zum Kampf gegen Dickmaulrüssler eingesetzt. Sie töten die Eier und Puppen des Rüsslers, um ihre Eier darin abzulegen. Sie sollten sich jedoch nicht darauf verlassen, dass die guten Nematoden plötzlich in Ihrem Boden auftauchen (vielmehr ist es wahrscheinlich, dass schädliche Nematoden dort auftauchen). Im Gartenfachmarkt oder im Internet können Sie sich gute Nematoden besorgen und ansiedeln. Die sogenannten guten „HM-Nematoden“ werden in einem Trägerpulver verkauft, von dem ein Esslöffel in zehn Litern Wasser angerührt und um die von Dickmaulrüsslern befallene Pflanze in den Boden gegossen wird.

Spinnen verursachen Ihnen vielleicht Angst, doch die hier heimischen sind für Menschen vollkommen ungefährlich. Die kleine Zebraspringspinne, die Kreuzspinne und andere können zwar ein wenig zwicken, aber Sie müssen sie ja nicht ärgern. Stattdessen sollten Sie sich über ihre Anwesenheit freuen, denn sie fangen alle Arten von Schadinsekten.

Vergessen darf man auch nicht die Arbeit des Regenwurms, der unermüdlich den Boden lockert und Humus produziert sowie die der Hummeln und Bienen, welche dafür sorgen, dass die Blüten Ihrer Pflanzen bestäubt werden und somit Früchte entstehen können.

Nützlinge anlocken und ansiedeln

Mit einem naturnahen Garten, der viele natürliche Versteckmöglichkeiten bietet und in den Sie wenig eingreifen, schaffen Sie ideale Voraussetzungen für kleine und größere nützliche Gartenbewohner. Um sicher zu sein, dass sich Ihre Freunde und Helfer aus dem vorigen Kapitel bei Ihnen wohlfühlen, sollten Sie ihnen optimal angepasste Unterschlüpfe anbieten und Ihren Garten „verlockend“ gestalten:

- Florfliegen fühlen sich von der Farbe Rot und von Katzenminze angelockt. Als Unterschlupf ist ein umgestülpter Blumentopf (auch gern in Rot), den Sie mit Stroh, Holzwolle oder Kokosfaser füllen, gut geeignet.
- Um Ohrwürmer anzusiedeln, benötigen Sie ebenfalls nur einen Blumentopf und Holzwolle. In diesem Fall müssen Sie den Topf aber aufhängen – natürlich richtig herum, sodass die Holzwolle drinbleibt.
- Vögel brauchen neben Nahrung vor allem gute Nistplätze. Jede Art nistet in unterschiedlicher Höhe, manche sogar auf dem Boden. Alle brauchen geschützte Gehölze mit reicher Verzweigung. Auch wenn Sie nur Gemüse und/oder Kräuter anbauen möchten, sollten Sie daher einige Bäume und Sträucher in Ihrem Garten haben. Zusätzlich können Sie Nistkästen aufhängen, um Vögel einzuladen.
- Spinnen finden sich eigentlich überall zurecht, möchten aber auch gern geschützte Orte haben, um zwischen Zweigen ihre Netze zu spinnen oder im Schutz von Büschen auf die Jagd zu gehen. Ihren Nachwuchs legen viele Arten in Cocons ab, die sie zum

Beispiel unter Astgabeln oder Mauervorsprüngen anbringen.

Für viele Insekten, insbesondere Solitärwespen und -bienen, ist ein Insektenhotel eine gute Lösung. Falls Sie ein Insektenhotel kaufen möchten, sollten Sie auf eine sehr gute Qualität achten. Eine günstigere und natürlichere Alternative ist es, das Hotel aus Baumstämmen, dicken Holzpfählen oder Ästen mit Löchern selbst herzustellen. Die Pfähle stecken Sie stabil in den Boden, damit das Zuhause der Insekten nicht umfällt und bohren verschieden große Löcher in Abständen hinein. Besser noch ist es, wenn Sie mehrere Baumstämme mit dicken, geraden Ästen über- und nebeneinander aufschichten. Achten Sie darauf, dass der Stapel nicht zu den Seiten wegrollen kann. Sie können die Stämme auch in einen Kasten legen, den Sie aus vier Holzbrettern bauen – ein Brett oben, eines unten, je eines an den Seiten. Die Stämme werden so gelegt, dass die Schnittseiten zu den Öffnungen zeigen. In die Schnittstellen bohren Sie wiederum verschieden große Löcher mit ausreichend Abstand. Die unterschiedlich großen Löcher erfüllen den Zweck, dass sich eine Vielzahl von Arten in dem Hotel ansiedeln kann und kleinere vor größeren Arten geschützt sind.

Um Bienen und Hummeln anzulocken, damit diese die Blüten Ihrer Obst- und Gemüsepflanzen bestäuben, sollten Sie überall im Garten verteilt Wildblumen und Kräuter aussäen, und zwar verschiedene Arten, die zu verschiedenen Zeiten blühen. So ziehen Sie von Beginn des Frühjahrs bis Ende des Herbstes Nützlinge, indem Sie ihnen Nahrung und Unterschlupf bieten.

Auch die größeren Helfer können Sie anlocken:

- Fledermäuse nisten zum Beispiel in Nischen von Dachstühlen, Scheunen oder Gartenhäuschen oder in Baumhöhlen. Sie können ihnen aber auch spezielle Fledermauskästen zur Verfügung stellen.
- Frösche, Kröten und Lurche siedeln sich nur an, wenn Sie einen Gartenteich haben. Achten Sie in dem Fall darauf, dass das Gewässer immer sauber ist.
- Igel benötigen gute Verstecke, zum Beispiel in Hecken oder Laubhaufen. Besonders als Winterquartiere sind große Laubhaufen an ruhigen Stellen unerlässlich, denn der Igel hält darin seinen Winterschlaf. Außerdem benötigt er Mischkost; das bedeutet, Sie sollten Obstbäume im Garten haben und einen Teil des Fallobstes für ihn liegenlassen.
- Spitzmäuse wohnen in Erdlöchern unter Bäumen oder auch in oder unter Gartenhäusern. Wenn Sie ein Gartenhaus haben, sollten Sie es also mit kleinen Eingängen für die Mäuse versehen.

Von angenehmen Wohnbedingungen und einem guten Nahrungsangebot fühlen sich die Nützlinge von selbst angezogen, sodass Sie mit ein bisschen

Geduld ohne weiteres Zutun ein ausgeglichenes
Ökosystem in Ihrem Garten haben und Ihre Schäd-
linge auf natürliche Weise bekämpft werden. Wenn
der Befall groß ist, sollten Sie nicht so lange warten.
Sie können dann entweder mit den beschriebenen
Mitteln sprühen oder gießen oder selbst per Hand
die Schädlinge vernichten, falls das im betreffen-
den Fall möglich ist.

Um gegen kleine Plagegeister wie Blattläuse,
Spinnmilben oder Käferlarven vorzugehen, können
Sie sich wie bereits erwähnt Marienkäfer, Schlupf-
wespen, Raubmilben und andere kleine Helfer über
den ökologischen Pflanzenfachhandel oder direkt
im Internet bestellen. Die Nutzinsekten müssen
spätestens drei Tage nach dem Kauf zum Einsatz
kommen, da sie schließlich Lebewesen sind und in
einer Verpackung gekauft werden.

Je nach Insektenart werden die Helfer unterschied-
lich geliefert. Raubmilben und Marienkäferlarven
kommen beispielsweise „fertig“ an und müssen nur
auf die Pflanzen gesetzt werden, am besten so nahe
wie möglich an die Schadinsekten heran. Schlupf-
wespen kaufen Sie meist in einem kleinen Röhr-
chen, in dem sich erwachsene Tiere befinden. Die-
ses hängen Sie in oder neben der Pflanze auf und
öffnen es. Die Schlupfwespen schwärmen dann aus
und legen ihre Eier in den Schädlingen. Die Er
zwespe, die auf Weiße Fliegen spezialisiert ist, wird
auf Karten geliefert. Auf einer Karte befinden sich
ca. 100 Mumien von Weißen Fliegen, jeweils mit
einem Erzwespenei in sich. Wenn Sie die Karten in

oder neben die befallene Pflanze hängen, schlüpfen nach kurzer Zeit die winzigen Erzwespen aus und töten die Larven der Weißen Fliegen ab.

Schlusswort

Mit einem Permakultur-Garten haben Sie sich ein sinnvolles Projekt vorgenommen, mit dem Sie den Erhalt unserer Welt fördern und sich selbst auf zweifache Art eine Freude machen: Sie haben ein interessantes Hobby an der frischen Luft und versorgen sich eigenständig mit Obst, Gemüse und Kräutern, die garantiert frisch und biologisch angebaut sind.

Auch wenn Sie zunächst einmal nur mit einem kleinen Gemüsebeet starten, ist es aber ein großes Vorhaben – lassen Sie sich nicht entmutigen, wenn nicht alles auf Anhieb klappt, sondern sehen Sie den Weg als Ziel. Mit etwas Übung und Geduld gelingt auch Ihnen bald der Permakultur-Anbau in Ihrem Garten oder auf Ihrem Balkon.

Ich hoffe, Ihnen mit diesem Buch eine gute Starthilfe gegeben zu haben und wünsche Ihnen viel Spaß beim Gärtnern. Über eine Rückmeldung in den Rezensionen freue ich mich sehr.

Quellen

Global 2000: Pflanzenkrankheiten & Behandlungen;

https://www.global2000.at/pflanzenkrankheiten.

Koch, Egmont: Umweltschutz zu Hause; Mosaik Verlag, 1984.

mein schöner Garten: Erdmiete für Gemüse anlegen: So geht's;

https://www.mein-schoener-garten.de/gartenpraxis/nutzgaerten/erdmiete-39787.

mein schöner Garten: Gründüngung;

https://www.mein-schoener-garten.de/gruenduengung-0.

mein schöner Garten: So legen Sie eine Streuobstwiese an;

https://www.mein-schoener-garten.de/gartenpraxis/nutzgaerten/streuobstwiese-anlegen-37071.

NABU: Schwarze Wundererde?;

https://www.nabu.de/umwelt-und-ressourcen/oekologisch-leben/balkon-und-garten/trends-service/trends/20401.html.

NDR: Pflanzen natürlich vor Schädlingen schützen;

https://www.ndr.de/ratgeber/garten/schaedlinge/Pflanzen-natuerlich-vor-Schaedlingen-schuetzen,schaedlinge117.html.

NDR: Pflanzenjauchen: Natürlichen Dünger herstellen;

https://www.ndr.de/ratgeber/garten/nutzpflanzen/Pflanzenjauchen-Natuerlichen-Duenger-herstellen,duenger115.html.

NDR: Schädlinge im Garten mit Nützlingen bekämpfen;

https://www.ndr.de/ratgeber/garten/schaedlinge/Nuetzlinge-bekaempfen-Schaedlinge-im-Garten,nuetzlinge130.html.

NDR: Steigert Terra Preta den Ernte-Ertrag?;

https://www.ndr.de/ratgeber/garten/Terra-Preta-Schwarze-Erde-selbst-herstellen,terrapreta132.html.

Permakultur Konkret: Der Boden;

https://permakultur-konkret.ch/was-ist-ein-system/bodenuebersicht/.

Permakultur Konkret: Beetformen;

https://permakultur-konkret.ch/umsetzung-uebersicht/permakultur-elemente/beetformen/.

Permakultur Konkret: Gartenformen;

https://permakultur-konkret.ch/umsetzung-uebersicht/permakultur-elemente/gartenformen/.

Permakultur Konkret: Was ist Permakultur?;

https://permakultur-konkret.ch/was/.

Permakulturtipps.de: Permakultur: Welche Gartengeräte sind wichtig?;

https://www.permakulturtipps.de/blog/allgemein/permakultur-welche-gartengeraete-sind-wichtig/.

Haftungsausschluss

Die Umsetzung aller enthaltenen Informationen, Anleitungen und Strategien dieses Werkes erfolgt auf eigenes Risiko. Für etwaige Schäden jeglicher Art kann der Autor aus keinem Rechtsgrund eine Haftung übernehmen. Für Schäden materieller oder ideeller Art, die durch die Nutzung oder Nichtnutzung der Informationen bzw. durch die Nutzung fehlerhafter und/oder unvollständiger Informationen verursacht wurden, sind Haftungsansprüche gegen den Autor grundsätzlich ausgeschlossen. Ausgeschlossen sind daher auch jegliche Rechts- und Schadensersatzansprüche. Dieses Werk wurde mit größter Sorgfalt nach bestem Wissen und Gewissen erarbeitet und niedergeschrieben. Für die Aktualität, Vollständigkeit und Qualität der Informationen übernimmt der Autor jedoch keinerlei Gewähr. Auch können Druckfehler und Falschinformationen nicht vollständig ausgeschlossen werden. Für fehlerhafte Angaben vom Autor kann keine juristische Verantwortung sowie Haftung in irgendeiner Form übernommen werden.

Urheberrecht

Impressum

1. Auflage

Kontakt: Gregor Grafmüller Landshuter Allee 69, 80637 München

Printed in Germany
by Amazon Distribution
GmbH, Leipzig

24671459R00077